城市设计经典译丛

广域规划

Regional Planning

And Regional Sustainable Development

和 区域可持续性发展

[日] 大西隆　编著

金慧卿　张敏　译

江苏凤凰科学技术出版社

南京

图书在版编目（CIP）数据

广域规划和区域可持续性发展 ／（日）大西隆编著 ；
金慧卿，张敏译 . -- 南京 ：江苏凤凰科学技术出版社，
2020.9
ISBN 978-7-5713-0702-8

Ⅰ．①广… Ⅱ．①大… ②金… ③张… Ⅲ．①区域规
划－可持续性发展－研究－日本 Ⅳ．① TU982.313

中国版本图书馆 CIP 数据核字 (2020) 第 001292 号

江苏省版权局著作权合同登记　　图字：10-2018-112 号

广域规划和区域可持续性发展

编　　　著	［日］大西隆
译　　　者	金慧卿　张　敏
项 目 策 划	凤凰空间 / 苑　圆
责 任 编 辑	赵　研　刘屹立
特 约 编 辑	苑　圆　蒋林君

出 版 发 行	江苏凤凰科学技术出版社
出版社地址	南京市湖南路 1 号 A 楼，邮编：210009
出版社网址	http://www.pspress.cn
总 经 销	天津凤凰空间文化传媒有限公司
总经销网址	http://www.ifengspace.cn
印　　　刷	北京博海升彩色印刷有限公司

开　　　本	710 mm×1 000 mm　1/16
印　　　张	14
字　　　数	112 000
版　　　次	2020 年 9 月第 1 版
印　　　次	2020 年 9 月第 1 次印刷

标 准 书 号	ISBN 978-7-5713-0702-8
定　　　价	68.00 元

图书如有印装质量问题，可随时向销售部调换（电话：022-87893668）。

本书编委会

前　言

　　规划是规划主体意愿的反映。通常，政府作为规划主体，可以借助法律和制度等手段强化其意愿的强制力，并以税收为规划提供支持。因此，在法律、制度和财政手段能够被充分利用的时代，以民间共识为基础，政府规划在确定政策方向的同时，大多具有很强的引导性和执行力。例如，日本在战后复兴时期以及高速发展时期，通过明确开发重点和资源的集中投放等手段，使其国土规划、经济规划以及在此基础上编制的各地方性规划在各领域和地区均发挥了重要的指导作用。

　　但是，随着全球化与市场经济的发展，越来越多的企业开始借助国际贸易，通过"市场"进行自由交易，区域发展自治组织开始在民间成立，政府在开发上的行政职能正在逐渐减弱，并且，逐步转为以提供安全保障、建立安全网络、制定发展规则等职能来保障"市场"的正常运行。换句话说，由政府主导开发规划的必要性正在逐渐减弱。

　　即使是已经发展成为少数世界经济大国之一的日本也避免不了这种现象，规划对政府的依赖性正在变得越来越小。那么，政府规划的职能是否会继续减弱直至消失呢？将来或许真会如此。随着民营经济的持续活跃，以国家和地方政府的意志为主导的开发规划有时候反而会成为阻碍以民营经济为中心的市场经济发展的主要因素。

　　然而，市场经济也不是万能的，在高度发达的成熟社会可能不再需要长期规划，但是目前还不能够完全脱离这种规划。比如经济发展可能会导致人口出生率大幅度下降而引发大城市病，以及大城市和地方城市之间的经济差距进一步扩大等一系列问题。

而更为可怕的是，在亚洲迎来真正发展的时代，似乎整个日本都还在强调其作为亚洲唯一的经济发达国家的特有地位，使得日本在与其他亚洲国家的关系中逐渐被孤立。改变这种现状可能需要很长一段时间，但是，却很有必要。作为亚洲的一员，通过制定广域规划促进区域的可持续性发展，控制人口减少，并与其他亚洲国家建立坚固的合作关系共同为亚洲地区的发展努力是日本目前最主要的任务之一。

　　以上述认知为基础，本书从区域主权的观点出发，对日本的理想发展模式进行了分析，并对编制旨在"创造多元化活动"的广域规划的必要性进行了论述。

　　本书由三篇构成。第一篇从 4 个切入点解释广域规划的概念与内涵。第 1 章对日本广域规划的发展过程进行了回顾，并以可持续性社会发展为目标，就当代社会条件下重构广域规划体系的必要性进行了论述。第 2 章聚焦于规划编制过程中不可或缺的多元化价值的"整合"方法，就多元化价值的"多元统合"论进行展开说明，并对能够"整合"多元意见的规划编制方法进行了论述。第 3 章则以地方城市为舞台，对区域自主化发展的制度体系和成果进行了整理，并探讨分析了在市场经济条件下的区域自主化发展的理想状态。第 4 章就广域规划的核心内容，针对产业振兴展开专题论述。在讲述其发展过程的同时，结合亚洲各国实现区域经济快速发展的具体实践，就区域产业政策的理想状态进行了系统论述，并对持续强化区域产业政策的必要性进行了重点说明。第二篇为案例分析。其中，第 5 章列举了日本国内的实例，通过对东京圈、近畿圈、中部圈的大都市圈规划的评介，就以市町村为背景的广域化发展动向，以浜松市、丰桥市、饭田市为中心的三远南信地区的跨县域合作，以及以观光为主题的区域合作动向等问题进行了系统分析，并针对广域规划和广域合作的可能性进行了深入探索。第6章对英国、法国、德国、美国、加拿大，以及韩国和中国的广域规划制度及其动向进行了介绍。第三篇是有关区域规划具体制定过程与方法的介绍。其中，第7章和第8章分别就土地利用和交通分析所需要的数据收集方法、分析方法、对未来的预测方法，以及如何将这些分析与预测的结果同现有规划的不同区域发展目标相结合的具体分析方法进行了系统讲述。

  本书对广域规划的国内外经验进行了系统的整理，并对能够促进可持续性社会发展的广域规划的编制方法进行了积极的探索。希望本书能够帮助读者正确理解广域规划，如果能够对各地区广域规划的发展做一点积极贡献便是作者最大的荣幸。

大西隆

2010 年 2 月

目　录

第三篇 规划制定手法

第 7 章 地域的现状分析

第 8 章 制定广域规划

结 语

第一篇
广域规划是什么

　　日本最大的区域问题无非就是大城市和地方城市之间的差距问题。根据 1920 年的第一次人口普查，日本三大都市圈的人口占日本总人口的 33%，而到了 2005 年，最新人口普查结果显示，三大都市圈的人口比重已经超过了 50%。假设人口移动从总体来看是一种对适合居住和希望居住场所的选择行为，那么除了震灾和战争灾害等暂时性的混乱时期，大城市特别是东京圈成为人们居住和活动的首选场所。在那之前，占总人口比重呈下降趋势的地方圈的人口绝对总数量实际上是增加的，可是 2000 — 2005 年，地方圈的人口绝对总数首次出现了减少现象。从将来社会人口减少的必然性考虑，这个趋势将会持续下去，到 2035 年，地方圈人口占日本总人口的比重将达到 46%，人口总数量将比现在减少 1200 万左右，这相当于是中国地区（注：日本地区名，日本旧时的山阴道和山阳道的总称）和四国地区[①]无人居住的状态。

　　如今，地方，即农村地区（包括小城市，这里特指地方中的农村地区）的人口出生率也在下降，因此将大城市的人口迁移到地方来解决少子化（出生率降低，儿童人数日渐减少的现象或倾向）问题是行不通的。但是，大多数日本人都不希望看到这种状况持续下去并导致地方城市的人口绝对数变得越来越少。想要改变这个并不容易改变的社会发展趋势，以广域规划为首的区域和社会政策体系无疑是最有效的方法之一。从这一点看，与过去将产业经济为主的区域发展作为核心目标的广域规划不同，新的广域规划将会在改变人们居住场所的选择以及家庭观、人生观的改变上发挥重要作用。

　　实现长寿社会并为下一代提供良好社会环境的同时，创造与自然共生，安全、舒适、方便的居住环境，现代日本所面临的这一目标实现起来并不简单。为了有效地实现这一目标，是不是应该从构筑价值多元化社会着手？广域规划所重视的地方分权，最终也是谋求多元化区域的多元化价值。这样一来，重视区域民众参与活动的意愿的统一将成为实现广域规划地方分权必不可少的重要手段。再看看其他国家的情况，多元化在很多地区又与重视多民族、多文化、多语言的共生社会相连接。对于岛国日本来说，积极面对未考虑到的国内外多元化发展问题，的确是一个挑战性的课题。如何通过广域规划来实现这一目标便是贯通本篇各章的主题。

----

①日本的中国地区和四国地区：分别由鸟取县、岛根县、山口县、冈山县、广岛县（以上为"中国"地区的地区划分）和香川县、爱媛县、高知县、德岛县（以上为四国地区的地区划分）构成，位于九州与近畿之间，起着沟通两地文化的作用。——译者

第 1 章

广域规划和区域可持续性发展

大西隆

1.1 ‖ 日本的国土规划和区域规划

1. 国土规划和区域规划的新体制

2009 年 8 月，日本制定了 8 个地区的广域地方规划。2005 年由《国土综合开发法》全面修改而成的《国土形成规划法》规定，必须制定国土形成规划（全国性规划）和广域地方规划。"国土形成规划"在 2008 年 7 月编制完成，以根据国土形成规划作为规划编制依据制定的广域地方规划在一年之后的 2009 年完成。这里所说的 8 个地区，是由根据特殊规划法制定国家层面规划的、除北海道（北海道开发法）和冲绳县（冲绳振兴特别措施法）以外的 45 个都府县划分而成的三大都市圈和五大地方圈构成。日本在过去也制定了首都圈整备规划和九州地方开发促进规划等地方区块（block）规划，甚至每个规划都不止编制一次。不同的是，这些规划的编制一直以来都以个别规划法作为法律依据，然而经过这次的法律修改，规划编制改以国土形成规划法作为依据。图 1 这样的广域地方规划将成为日本的法定广域规划（区域规划）。

然而，随着国土形成规划法的出台，与地方区块规划相关的个别规划法废除了关于地方圈为主体的规定，同时保留了大都市圈相关规划，使得规划编制体系变得比较复杂。比如首都圈，就同时拥有首都圈基本规划（五次规划）和新出台的首都圈广域地方规划这两种规划。关于地方分权改革问题将在后面进行说明，先让我

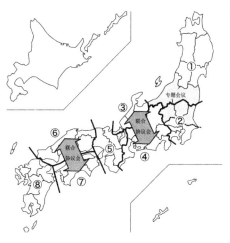

①东北圈	青森县、岩手县、宫城县、秋田县、山形县、福岛县、新潟县等七县
②首都圈	茨城县、栃木县、群马县、埼玉县、千叶县、东京都、神奈川县、山梨县等一都七县
③北陆圈	富山县、石川县、福井县等三县
④中部圈	长野县、岐阜县、静冈县、爱知县、三重县等五县
⑤近畿圈	滋贺县、京都府、大阪府、兵库县、奈良县、和歌山县的两府四县
⑥中国圈	鸟取县、岛根县、冈山县、广岛县、山口县等五县
⑦四国圈	德岛县、香川县、爱媛县、高知县等四县
⑧九州圈	福冈县、佐贺县、长崎县、熊本县、大分县、宫崎县、鹿儿岛县等七县

注：北海道以及冲绳县不属于广域地方规划范围之
内，但是可以参与相邻地区广域地方规划的协议。

图 1　广域地方规划的圈域、跨圈域举办联合协议会和专题会议（出自：国土交通省资料）

们回顾一下由国土形成规划和广域地方规划构成的当前日本广域规划体系的发展过程，并对其存在的意义进行细致的思考。

2. 国土规划和缩小差距

作为日本国土规划的全国综合开发规划的日本国土规划（以下简称"全综"）从 1962 年的（第一次规划）到 1998 年的（第五次规划）总共制定了 5 次规划，之后便改为国土形成规划。将规划的编制时期与日本的经济社会发展相结合进行比较，大致可以分为两个阶段。一是在经济快速发展时期制定的（1969 年，第二次规划）规划，另外一个则是经历了 1973 年的石油危机之后，在所谓的日本经济社会趋于稳定发展和缓慢发展时期制定的（1977 年）以及之后的规划。图 2 显示国土规划与经济社会发展有密切的联系，因此将经济社会快速发展时期的终结这一显著社会变化作为分界点，可以将日本国土规划发展过程分为两个阶段。

国土规划，特别是在经济快速发展期制定的全综和新全综规划主要有以下两个

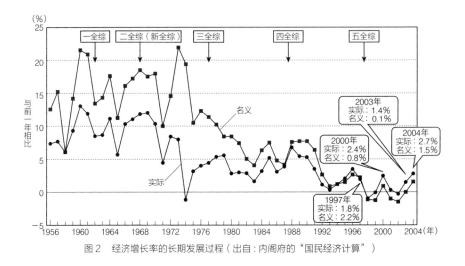

图 2　经济增长率的长期发展过程（出自：内阁府的"国民经济计算"）

规划目的：一是以最大效率完成港湾、电力、用水、道路、工业区等产业基础设施的建设来支撑快速发展的经济活动，另一个是将容易集中在特定地区的产业站点分散到全国范围实现国土均衡发展。而这两个规划目标偶尔会相互对立矛盾。换句话说，规划包含了两种理论观点，一是认为促进经济快速发展的产业活动应集中在高效率发展区域，强调应在大城市和其周边地区积极投资产业基础设施的现实论，而另一个则是主张即使效率低一些，也有必要通过地方城市的产业振兴和基础建设来缩小地区之间差距的理想论。大部分国土规划以及描绘未来蓝图的其他规划行为都试图将理想变成现实，因此可以说一系列的相关规划一直以来都更加强调均衡发展理念。

　　表 1 对第一次到第五次全综规划以及国土形成规划中关于国土均衡发展的内容进行了总结。从表 1 可以看出，所有的规划都以缩小差距和国土的均衡发展或同主题用语作为关键词，强调了"均衡发展"的规划理念。同时，针对均衡发展的概念和含义也进行了探讨。其中最具代表性的观点则是，均衡发展到底是指结果上的均衡还是机会的均衡问题。结果的均衡是指，以国民收入水平和生活水平等作为经济社会活动目标所实现的人们的收入和生活是否在同一水平上的观点，而机会的均衡则是指，社会资本等作为支撑经济社会活动的基础是否在同等水平上、是否站在同一起跑线上的观点。从全综规划以各地区的资本调配与工厂建设作为核心主要内容

这一点看，可以说全综规划是以机会的均衡为核心目标的。但是，即使实现了机会的公平，如果最终收入水平差距扩大，那么就还是会对起初是否真正实现了机会的均衡产生疑问，由此可以看出，机会和结果的公平实际上是紧密相连的两个目标。

表1　全国性规划和"国土均衡发展"

全国性规划	编制年份	关于国土均衡发展的代表性说明
全综	1962年	防止城市无限扩张，缩小地区之间差距
新全综	1969年	通过将开发可能性扩大到全国范围来实现国土平衡利用
三全综	1977年	国土平衡利用和建立综合性人类居住环境
四全综	1987年	建立多个有特色的极……形成多极分散型国土结构
五全综	1998年	充分发挥地区多元化特色的国土均衡发展
国土形成规划	2008年	由自立并具有不同特点的多个广域区块构成的国土结构……国土均衡发展

均衡发展理念不仅仅表现在规划上，还具体体现在政策方面。在全综规划方面，通过控制大都市圈具有能够吸引大量人口功能的工厂和大学的建设布局，制定了以防止人口聚集为主要目标的工业（工厂）等限制法（1995年首都圈，1964年近畿圈），以及为了奖励地方城市的产业发展而指定地区重点开发建设基础设施的新产业都市建设促进法（1962年）和工业整备特别地区整备促进法（1964年）等，通过这些政策制度促进了地方城市的产业布局和发展。

新全综规划则通过在苫小牧（北海道）和六小川原（青森县）等地区实施国家主导项目，试图促进地方城市的大规模工业聚集以及畜产基地和娱乐度假休闲基地等的开发。可是，因项目实施期间遭遇石油危机，加上各地开展的反对环境污染、提倡自然保护运动，新全综相关的开发项目多数被中断或中途受挫。在那之后能够完成开发建设的大多是与新干线、高速公路等全国性高速交通体系相关的项目，而其他大型开发项目无一能够取得成果。

由于第三次全综规划试图通过生活相关设施的扩充来促进人们定居，因此并没有实施直接的工厂分散政策，但是到了20世纪80年代，通过制定高科技聚集城市法（1983年）和产业首脑聚集法（1988年）两项法律，试图促进以电气电子工业和机械工业为代表的地区高科技知识产业的发展。在进入20世纪90年代的第四次全综规划阶段，出台了区域产业集聚活性化法（1997年），新事业创出促进法（1998年）

等法律制度，直到最近一段时间，也一直贯彻实施以建设工厂为核心的区域发展政策。

3. 国土和区域政策评价

那么究竟如何去评价以均衡发展为核心目标的政策制度呢？日本的区域之间的差距正如图3所示，从20世纪60年代初到20世纪70年代初，都、道、府、县的人均收入基尼系数刚好在经济快速发展期大幅度降低。县民人均收入按下列公式计算：

县民人均收入 = 县民总收入／县总人口

从上面的公式可以看出，大量建设工厂可以促进县民收入增加（分子增大），而大城市的人口聚集导致县人口相对减少（分母减小），也就是说这两个因素促使地方圈县民人均收入的增加幅度大于大都市圈。

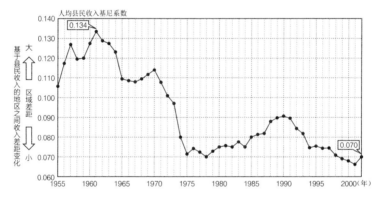

注：1. 基尼系数是判断收入分配公平程度的指标，是0到1之间的比值，基尼系数越大收入分配越不平衡。
   2. 从1955年到1970年的冲绳县人口由基于1955年、1960年、1965年、1970年的数据计算出的五年人口平均增长率推算得出。
   3. 从1955年到1991年和1992年以后的县民总收入分别是根据68SNA和93SNA[①]的数据。

图3　地区之间收入差距变迁（根据内阁府"县民经济计算"，总务省"人口普查报告"以及"人口推算年报"，由国土交通省国土规划局制定）

然而实际情况又是如何呢？对这个时期县民人均收入分别最高和最低的东京圈（1都3县）和九州圈（7个县）进行比较，结果如表2所示。从1960年到2000

---

① SNA：Systems of National Accounts，即国民账户体系。——译者

年的 40 年间，从县民总收入来看东京圈增长了 37.6 倍，而九州圈增长了 26.5 倍，总人口上东京圈和九州圈各增长 1.87 倍和 1.04 倍，可以得出的县民人均收入东京圈增长 20.1 倍，而九州圈增长了 25.4 倍，也就是说在此期间地区之间的人均收入差距缩小了。换句话说，虽然东京圈的县民总收入增长率高出九州圈，但是地区之间的人均收入差距却缩小，这说明九州圈的低人口增长率最终导致地区之间县民人均收入的差距缩小。实际上，九州地区的人口自然增长率达到了全国平均水平，因此可以说，大都市圈的人口聚集等社会变动因素最终实现了地区之间的差距缩小。如图 4 所示，20 世纪 60 年代正是人口大量从地方圈向大都市圈转移的时期，以求学、就业为动因的人口流动最终为缩小地区之间的经济差距做出了贡献。

表 2　东京和九州的差距缩小情况

地区	县民人均收入指数		县民人均收入增长	县民总收入增长	人口增长	工业总产值增长
	1960 年	2000 年				
东京圈	132.5	117.9	20.1 倍	37.6 倍	1.87 倍	15.0 倍
九州圈	74.0	83.3	25.4 倍	26.5 倍	1.04 倍	13.8 倍
全国	100.0	100.0	22.5 倍	30.3 倍	1.35 倍	19.6 倍

（出自：内阁府《县民经济统计、人口普查》）

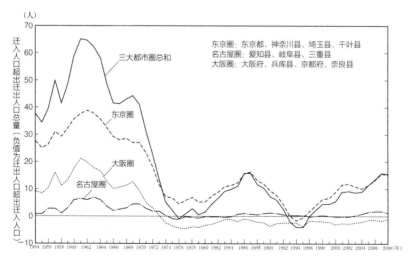

图 4　三大都市圈迁入人口超出迁出人口总量推移（1954—2008）（根据总务省统计局的"居民基本登记簿人口移动报告"制定）

　　然而，这一过程并不是全综规划的真正目标所在。正如全综规划当初提出的同时消除过密和过疏现象的规划理念，其核心目标应该是减少地区之间人口移动流动的同时，缩小地区之间的差距，因此人口移动转移（流出）所带来的差距缩小属于全综规划意料之外的结果。那么为什么会产生这种现象呢？那是因为，实际上工业分散政策虽然在分散工厂布局上取得了一定成果，但是并没有达到分散就业机会的效果，最终大城市的集中性就业成为其根本原因。从一开始就试图在的工厂分散过程中，通过促进推动工业机械化来提高劳动生产力。其结果，虽然工厂迁移到了地方城市，但是并没有创造出人们所期待的就业机会。相反，企业总公司、金融、房地产、面向企业的各项服务功能成为增加就业的核心内容，而这些服务功能大多分布在大城市，因此最终在大城市出现了就业集中现象。

　　针对这一现象，日本曾经也探讨过是否能够通过相关政策措施来分散办公功能，但是最终成功实现的只有像筑波学园城市开发规划和国家行政机关转移规划等，只局限于政府办公功能相关规划。其结果，办公人员继续向大城市集中，特别是地方城市的人才大量被东京圈吸收，最终形成了东京单一极格局。

　　总结以上内容，可以说国土规划和广域规划在工业分散政策方面取得了一定成果，但是减少人口转移的基本目标并没有实现。

4. 国土规划作用的减弱和地区之间差距的再次扩大

　　20 世纪 90 年代以后，日本的生产工艺开始流入周边国家和地区。在原有的韩国和中国台湾的基础上，加上中国大陆的工业化发展和积极推进海外招商引资的动向，促进了日本企业迁移到海外的趋势，不仅没有实现分散大城市企业到地方城市的目标，相反这些工厂最终都迁到了海外。加上随着人口增长速度的减缓，将来人口总数必然会减少，这样一来大城市的集聚现象所带来的弊病也会逐渐减弱，实际上 20 世纪 90 年代和进入 21 世纪以来，控制大城市的工厂建设，积极促进企业工厂从大城市转移到地方城市的产业布局相关法律实际上处在陆续被废止的情况（参考第 75 页，第 4.2 节，图 19）。

　　另外，活跃于国际市场的跨国企业聚集的城市被称为世界城市，而认为这些世界城市的活动对世界政治、经济活动具有支配性影响力的世界城市论观点在这个时期也相继而出，第四次全综规划的"中间报告"也提及了试图促进东京发展成为世界城市的内容，可以看出这一理论观点对国土规划也产生了一定的影响。

但是，虽然大城市的过密现象得到了一定的缓解，但是地方城市的人口减少和产业衰退危机程度则继续加深，这意味着迎来了"大城市和地方城市同时出现人口减少现象"的时代。为此，国土规划并没有改变之前的均衡发展这一规划理念，如前所述，最新的国土形成规划也继续将均衡发展作为重要的战略概念来看待。同时，随着强调在促进区域振兴过程中积极招商引资和培养企业发展壮大的必要性，作为新的产业布局政策，负责产业发展的经济产业省在 2007 年出台了企业布局促进法和中小企业地区资源活用促进法。这些法律鼓励包括大都市圈在内的所有地区的产业振兴，不同于过去的"控制大城市产业发展的同时促进地方产业发展"的政策措施。从这一点可以看出，日本的国土规划和区域政策虽然一直在强调均衡发展理念，但实际上实现均衡发展的措施力度越来越弱以致不足以实现这一目标，这也象征着国土规划和广域规划的作用在逐渐减弱。

当然，实际上如果不再需要编制国土规划和广域规划，那么并不需要担忧规划的作用会减弱；然而，就日本的人口分布来看，近年来东京一极集中趋势越来越严重，相反人口过疏地区村落正走向灭亡之路。换句话说，日本各地区之间的差距不仅依然存在，而且这个差距变得越来越大。

如图 5 所示，关于以都道府县为单位的全国性地区差距，对包括东京都的差距

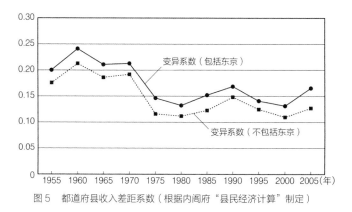

图 5 都道府县收入差距系数（根据内阁府"县民经济计算"制定）

系数（变异系数，Coefficient of Variation）和除去东京都的差距系数分别进行计算和比较的结果显示，前者的差距系数大于后者，并且最近五年（2000—2005）的变异系数增加，即地区差距呈扩大趋势。再来看看东京圈内市区町村之间的收入差距，也同样呈现出快速扩大的趋势。根据这样的趋势变化，很多人指出正是居住于在东京中心区的高收入人群引发了日本全国性收入差距的扩大。东京圈的一点集中现象变得越来越严重，最终将导致人口与财富集中于东京市中心的现象出现。

　　另一方面，随着老年人的比重逐渐增加，未来人口将大幅度减少的极限村落①数量在全国范围内增加，从山区到地方圈城市都是这样，创历史最低人口纪录的地方圈也在逐年增加。而高等教育机会的不平等和就业困难是地方城市流失青年人口的主要原因。如后面要讲述的一样，东京一极集中现象会促使人口出生率下降，这样一来日本人口过密压力虽然将在即将到来的人口负增长社会得到缓解，但也应该统筹考虑包括国土和广域规划在内的各项政策制度，继而实现与区域振兴相结合的国土均衡发展。

1.2 ｜ 地方分权和广域规划

1. 广域规划的分权改革

　　在对国土和广域规划今后的作用进行评价的过程中，重要的论题之一应该是规划主体论。事实上，从《国土综合开发法》到《国土形成规划法》的修改，是根据地方分权促进委员会的劝告（第五次，1998）提出的，对《国土综合开发法》以及《国土利用规划法》进行综合而根本性的改革的同时，大都市圈以及地方圈规划应该由相关都府县政府进行编制，由此，彻底进行分权改革的规定出台了。并且，对作为具体的区域振兴政策手段而制定的条件落后地区振兴规划和模范地区振兴规划也进行了改革，还包括了由相关市町村政府编制规划，采用落日方式②等改革内容。

---

①极限村落：指过疏化现象导致总人口的 50% 以上为 65 岁以上的老年人，很难操持红白事等社会仪式的村落。——译者
②落日方式：为了防止预算和行政组织的过分膨胀，预设法律、预算、项目等的期限，逾期自动作废的方式。——译者

因应上述国土和广域规划分权改革，2005 年从《国土综合开发法》到《国土形成规划法》的法律制度修改便属于改革的具体措施。关于国土规划，规划目的由国土的"利用，开发以及保护"（《国土综合开发法》第一条）改为国土的"利用，整备以及保护"（《国土形成规划法》第一条），将"开发"一词从法律条款中删除，规划内容也在很大程度上褪去了开发色彩。关于广域地方规划，法律规定在经过广域地方规划协议会协议的前提下由国土交通大臣制定。实际上，所有的地区都成立了广域地方规划协议会并对广域规划进行协议讨论，协议会的成员除了知事、政令市①市长等地区行政机关代表和商界代表，还包括国家广域地区机关长。

下面对广域地方规划编制程序与国土形成规划之前最具地方分权性质的中部圈开发整备规划（《中部圈开发整备法》，1966 年）的协议会成员进行比较（表 3）。当时的《中部圈开发整备法》规定，由相关县政府根据县议会议决通过的规定设立中部圈开发整备地方协议会，在经过协议会讨论的基础上制定规划方案，并提交给当时的主管大臣国土长官审议。地方协议会的成员除了知事和政令市市长，还包括市町村代表，县议会议长，政令市议会议长和专家学者，不同的是不包括国家区域机关长。换句话说，从规划方案的编制权限和地方协议会成员不包括国家代表的两点来看，中部圈开发整备法在地方分权方面更胜一筹。

然而，中部圈的这个分权措施在现实中并没有真正发挥其功能。虽然中部圈开发整备第一次规划（1968 年）采用了上述规划编制程序，但是之后的几次规划便改为采用规划修改方式。该法规定，地方协议会不需要制定规划方案，而是采用由国土厅长官直接制定规划修改方案的捷径方式。这个煞费苦心制定出来的地方分权措施，却在地方政府公认下最终变得有名无实。至于为什么会发生这种情况，主要是因为各地区政府将法律规定的广域规划理解为国家主导的各地区进行项目布局的国家层面规划。基于这样的地方政府意向，在广域地方规划的编制过程中，国家区域机关长成了规划编制的正式成员，并且由国土交通省地方整备局承担起草规划方案相关事务。

---

① 政令市：日本行政区划的一种，性质类似于中国的"计划单列市"。——译者

表3   协议会的构成比较

机关组织或个人	中部圈开发整备协议会	广域地方规划协议会
国家机关	×	○
都府县、政令市	○	○
都府县、政令市议会议长	○	×
相关市町村	○	○
市町村议会议长	○	×
相邻市町村	×	○
地方公共团体以及其他相关组织	×	○
专家学者	○	×（另外听取意见）

注：○代表左边的机关组织或个人是协议会的成员，×表示不是协议会成员。
（出自：中部圈开发整备法，国土形成规划法）

2. 道州制和区域规划

从地方分权的观点来看，每个地区都设立广域地方协议会并对规划进行协议讨论的制度虽然落后于中部圈开发整备协议会，并且实际由国家掌握规划编制主导权，但是与中部圈以外其他地区过去的制度相比，或许可以说在一定程度上有了一定的进步。这里需要注意的一点是，随着对制度细部的分析，很容易忽略掉关于广域规划编制和实施主体的根本性问题。因为，道州制这一新的广域政府结构与广域规划之间的具体结合方式才是真正需要我们弄清的重要的本质性问题。

近几年日本在对国土形成规划框架下广域地方规划区域划分和各地区广域地方协议会的讨论进行探讨的同时，对道州制也有了不少议论。关于道州制目前尚未有明确的理论定义，暂时只能在当前的都道府县行政体制下制定广域地方规划，但是今后随着广域地方规划的作用增强，就有必要明确规划的编制和实施主体。

随着市町村的合并，在市町村数量大幅度减少的同时市町村的规模也在扩大，这使都道府县和市町村的区域范围逐渐趋于重叠。随着都道府县原有的承办机关委托事务的国家驻外机构功能被废除，都道府县政府在市町村分权化过程中也逐渐失去了其存在的意义。在这样的背景之下，关于建立规模大于都道府县的道州政府的呼声越来越高。但是，针对道州的观点主张却五花八门。作为国家下属机关，由政府选任的知事担任首领职位的道州制理论在现阶段的确不见踪影。但是，作为自治行政组织的道州，从拥有自己的宪法和军队的联邦型道州制，到将国家的内政权限大范围移交给道州政府的区域主权型道州制，再到在都道府县合并过程中，规模虽扩大然而权限没有变化的道州制，道州制的形式可以说是五花八门，甚至可以说是"道州异梦"。

笔者认为，与其他国家相比，日本并没有广阔的土地，因此建立多层政府体系并不是明智的选择，首先应该针对数量上呈增加趋势的政令指定城市[①]、中核市[②]和特例市[③]等拥有足够的行政能力和财政能力的政府市，在行政、立法、税收财政权方面进行充分的分权改革，使这些政府能够有效地实施更具独特性的政策制度。其次，应该明确仅次于中央政府的第二层政府（现在的都道府县政府）的作用：①支援对上述政府市以外不具有充分能力的中小市町村进行支援；②从广域观点来进行广域交通体系、环境和自然保护、产业振兴、高等教育等不适合在市政府层面上进行的行政工作。换句话说，基于邻近原理（首先由邻近地方政府进行决策和行政工作）强化基层地方政府的权限和地位，而对于能力欠缺的地方政府和广域性工作内容，则通过补充性原理（由广域政府补充基层地方政府能力的不足）由第二层广域政府进行支援。

总之，如果广域政府作为自治组织出现，那么包括广域地方规划在内的广域规划理所当然地由广域政府负责编制和实施。因此，在还未确定广域政府的阶段，广域规划或许只局限于作为调动国家对区域实施政策的交涉手段。当然，虽说是交涉手段，像法国的"规划合同"，国家和地方政府就约定长期（5～7年）公共投资来共同促进区域振兴，这在协调双方关系方面具有重要的意义。但是，在法国，签约合同的双方是对各自地区负有责任的中央驻当地机构首领和地方（region）以及县（department）代表。相比之下，目前日本的广域地方规划尚不存在能够对整个广域空间承担责任并拥有相关权限的广域政府，而在国家层面，比如北陆地区

---

① 政令指定城市：日本行政区划的一种，简称"政令市"，性质类似于中国的"计划单列市"。
② 中核市：人口30万以上的政令指定都市以外的城市，经市议会及所属都道府会之议决被
　　指定为中核市。可以承办与政令市等同的行政业务（1995年施行）。
③ 特例市：指日本地方城市中法定人口超过20万并由地方自治法特别指定的城市。

广域地方规划，是由设立在新潟县的国土交通省地方整备局担任，由富山、石川、福井三县构成的广域地方规划事务，福井县甚至被排除在该局所管范围外，实际情况上其结构比想象得更加复杂。也就是说，不可否认日本的广域地方协议会的成员作为当事人尚未具备足够的资格。

因此，为了使广域地方规划的地位更具意义，应该从国土和广域规划的观点出发，在明确各区域核心主题任务的同时，积极对规划的编制和实施主体提出建议，即对于道州制也应该进行积极的讨论。

3. 国际联合与广域地方规划

欧盟开始其加盟国的广域制度进行强化，就连过去不重视广域组织的英国也建立了以区域振兴为核心内容的官民合作型广域组织。出现这种新动向的背景在于，在属于欧盟重点领域的区域振兴政策的实施过程中，欧盟意识到相比于与各国政府的间接性联系合作，介于国家和市町村之间的行政单位更适合直接掌握了解区域现状并进行业务操作。从欧盟这个超国家组织来看，适合区域政策的行政单位便是广域地区。因此，目前尚未明确划分广域行政单位的国家，也不得不响应这个新动向，开始做出具体的决定。

同样的问题也有可能发生在今后将加深国家之间合作的东亚地区。在日本和东亚其他国家以及地区（中国、韩国以及东盟国家）之间的经济关系中，进出口总量都超越了日本对美和对欧盟的贸易总额。这样的经济关系促进了社会各个领域的交流，并加强了包括承认历史问题等各种对立因素的国家之间的紧密联系。这对国土规划也产生了一定的影响，规划的核心内容也转变为通过无缝亚洲（Seamless Asia，在东亚国家之间创造硬、软件无缝紧密交流环境）、亚洲门户等政策措施加强与亚洲或东亚国家以及地区间的人和物资的交流，并促进国家之间的交流。由于东亚国家的政治体制各不相同，要在这些国家之间建立交流体系，国家之间的协调是必不可少的。与此同时，由城市和广域区域，又或者是市民组织，作为先导推进国家和地区之间的人和物资的交流，加深相互之间的理解，对于促进东亚国家之间的交流也有着很重要的意义。尽管这次制定的广域地方规划中已有一些地区开始重视国际交流，积极与东亚国家和地区进行交流，但还不够成熟。

到目前为止，日本和其他亚洲国家之间可能仅仅是经济发达国家与发展中国家的关系，但是随着经济的快速发展，各国的经济实力和产业实力都得到了很大的提高，有些国家已不再适合称为廉价劳动力供应国。从东亚国家的购买力来看，这些国家未来将会成为日本汽车产业和电气、电子、机械产业重要的销售对象，而对于日本各地地方特色农产品以及加工产品，它们也将会是重要的市场。从这一点来看，广域规划不是仅仅针对日本国内的某一个地区，而是将日本作为亚洲，特别是东亚地区的一员来考虑规划编制和实施的具有宏观意义的规划。

1.3 ▎区域可持续性发展

如前所述，日本的国土规划和广域规划一直以来都将缩小地区之间的差距，实现国土均衡发展视为重要目标。然而如今区域差距不断扩大，一直以来为缩小地区之间差距而控制大都市圈产业发展，并把产业迁移到地方城市的产业分散政策却不见踪影。其理由是，大城市的过密现象随着郊区化的发展得到了缓解，使控制大城市产业发展的必要性大幅度降低，此外还因为随着与周边国家的国际竞争愈加激烈，很难在产业布局上加设各项条件来提高国内企业的发展成本。在这一点上，区域规划显得有些无能为力。笔者认为，有必要重新建立区域政策目标，并探讨能够有效实现这个政策目标的基本方针。对日本各地的现状重新进行评价，并做到具体问题具体解决。

1. 可持续性发展地区

想了解一个地区所面临的问题，首先需要对地区的现状进行评价。笔者认为评价的核心内容应该是，判断各区域原有的各项活动在今后是否可以持续稳定地发展下去，即这一区域的可持续性发展状况。从 20 世纪 80 年代后半期开始扎根发展的可持续性发展概念，是指经济的发展、公平公正的社会以及环境保护这 3 个目标相互平衡的状态。

　　无需多说，如果经济上不发达，社会将趋于贫困化，也就很难创造出高品质的社会生活，最终将无法实现可持续性发展。同时，对高品质生活的追求变成了各项改革创新的动力，最终促进了经济上的发展。但是，如果经济分配不平衡导致贫富差距扩大，那么社会发展也将变得不稳定，最终也很难实现可持续性发展。实际上有一部分人认为贫富差距的扩大是由社会系统的缺陷所致，即使通过非法手段也要缩小差距，可能有很多人都在支持这个观点。然而，只考虑经济发展和分配平衡问题，可能会导致资源开发过度，环境负荷过重，未来资源匮乏，居住环境恶劣而最终导致区域衰退。因此，保护环境对于可持续性发展来说是必不可少的重要内容。从可持续性发展 3 个要素之间相互促进又相互限制的关系来看，保持 3 个目标的平衡发展对于实现可持续性社会发展非常重要。

　　但是从日本的现状来看，只凭这 3 个目标并不足以实现可持续性发展。如果日本目前所经历的人口超低出生率（总生育率为 1.3% 的超低水平出生率）今后依旧持续下去，即使实现了无贫富差距社会和零环境负荷，最终也会变成"无人"社会。按照字面意思，就是不可持续性社会。就算通过一些办法恢复人口数量，但是如果城市空间聚集度下降，人们分散居住导致人与人之间的关系疏远，就会变得很难维持社区活动，同时政府的行政服务效率也会大幅度降低，同样也不能称为可持续发展社会。从这一观点来看，实现可持续性发展社会，除了"布兰特朗报告"所提出的三大目标平衡之外，至少还要有人口的可持续性和城市空间集聚度这两个要素，也就是说这五大目标在实现可持续性发展社会上缺一不可。接下来就与这些目标内容进行对照，通过简单的指标来研究一下日本区域发展现状（表 4）。

　　如果用人均收入等经济指标来衡量经济发展水平，那么东京都和大都市圈将占据很大的优势。东京都的人均收入位居日本第一，其高收入就业机会吸引着大量人口向东京集中。但是，像韩国的首尔首都圈，人口集中现象比日本更加严重，同样形成了鲜明的一点集中结构，然而人均收入水平并没有稳居韩国首位，如图 6 所示，

表4 可持续性的六项指标

排序	城市结构（紧凑度和住宅情况平均）	平均排序	紧凑度	DID人口密度（人/公顷）	住宅情况	家庭平均住宅面积（平方米/住宅）	经济发展水平	人均收入（千日元/人）	社会公平性	基尼系数	环境共生	CO_2排放量（吨/人）	人口持续性	总生育率
1	新潟县	12	东京都	98	富山县	151.88	东京都	4778	长野县	0.275	奈良县	0.74	冲绳县	1.75
2	石川县	12	大阪府	95.7	福井县	143.61	爱知县	3524	山梨县	0.28	鹿儿岛县	0.88	宫崎县	1.59
3	青森县	15.5	神奈川县	93.8	山形县	136.79	静冈县	3344	滋贺县	0.28	东京都	0.93	熊本县	1.54
4	山形县	16	京都府	81.7	秋田县	135.88	滋贺县	3275	石川县	0.286	京都府	1.41	鹿儿岛县	1.54
5	奈良县	16	埼玉县	78.9	新潟县	132.73	神奈川县	3204	三重县	0.287	山梨县	1.43	岛根县	1.53
东京都排在第22位														
……		……	……		……	……	……		……	……	……	……	……	……
42	香川县	30	—	—	—	—	—	—	东京都	0.314	—	—	—	—
43	佐贺县	30	香川县	32.6	埼玉县	84.03	长崎县	2222	兵库县	0.314	三重县	8.90	大阪府	1.24
44	茨城县	30.5	德岛县	32.1	冲绳县	76.16	宫崎县	2212	熊本县	0.316	冈山县	10.01	奈良县	1.22
45	德岛县	31.5	岩手县	29.4	神奈川县	74.6	青森县	2184	大阪府	0.323	大分县	10.57	北海道	1.19
46	高知县	31.5	佐贺县	28.4	大阪府	73.06	高知县	2146	冲绳县	0.344	茨城县	10.70	京都府	1.18
47	鹿儿岛县	37	岛根县	24.2	东京都	62.54	冲绳县	2021	德岛县	0.345	山口县	24.97	东京都	1.05

[根据内阁府县民经济计算（人均收入，2005年），总务省统计局全国消费实况调查（都道府县年均收入基尼系数，2006年），环境省温室效应对应法特定事业单位温室效应气体排放量（2006年，人口是2005年人口普查），厚生劳动省人口动态统计（总生育率，2007年），人口普查（DID人口、面积，2005年），总务省统计局住宅、土地统计调查（平均住宅面积，2003年）制定]

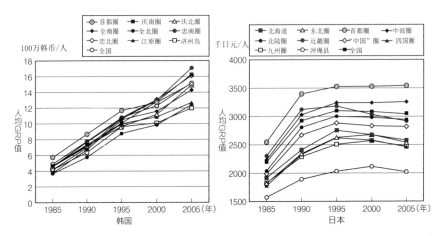

图6 韩国和日本的各圈域人均收入 [根据 GDRP 统计（韩国），内阁府"县民经济计算"（日本）制定]

在20世纪90年代后半期将韩国人均收入第一的地位让给了忠南圈，由此可以看出，日本所呈现出的人口移动和收入水平之间的关系并不具有必然性。

数值偏低的区域则是长野县、山梨县、滋贺县等邻近大城市的地区。加上近几年高收入人群流向东京中心区的现象越来越严重，使得东京都的基尼系数也呈现出增长趋势。

关于环境保护，自然环境的丰富程度和环境污染程度等都是衡量环境保护的重要指标。其中，目前最受关注的应该是与地球环境保护相关的温室效应排气量。从人均导致温室效应气体排放量这个指标来看，大城市因为公共交通发达，并且工厂数量相对于人口规模较少，因此，相对于人口规模工业比较聚集的地区人均温室效应排气量指标也并不高。人均排放量居高的有山口县、茨城县、大分县等。

再来看看新增加的两个指标。从人口可持续性来看，日本的冲绳县、宫崎县、熊本县等南部地区的总生育率偏高。而大城市的总生育率处于低水平状态，东京都则名列最后。

而关于城市空间集聚度，有必要从以下两个观点进行评价：一是城市空间集聚度与行政服务的实施效率成正比，并且空间集聚度越高对各项民间活动的安排也变得更加容易，城市活动的可持续性也会提高；另一个观点则是随着城市空间的集聚度提高地价会上涨，最终会导致土地利用紧缺以及生活质量下降。首先从居住在一定人口密度下的人口比重来看，DID 人口（人口密集地区的居住人口）占总人口的比重理所当然地在大城市偏高，而地方城市的 DID 人口比重相对偏低。另一方面，从代表空间富裕程度的家庭平均住宅面积这一指标来看，北陆地区整体位居榜首，其中富山县占据首位、其次为福井县和山形县（富山县、福井县、山形县统称为北陆地区）。

综合以上各项可持续性发展相关指标，可以看出作为大城市代表的东京都在经济发展水平和地球环境保护以及区域紧凑性方面处在优势地位，而在人口的可持续性和住宅情况上表现出低水平，城市的可持续性属于中等水平。表 5 中位居综合排序前列的有石川县、长野县、滋贺县等，这些地区都与大城市相邻，并在产业布局上占据优势的同时，具有宽裕的城市空间等大城市不具备的优点。可是，以上这些地区的总生育率也只处在 1.4% 左右的低水平状态，可以说提高总生育率成为整个日本目前所面临的大课题之一。

表 5 都道府县区域可持续性排名

排名	地名	排名	地名	排名	地名	排名	地名	排名	地名
1	石川	11	埼玉	19	佐贺	31	大阪	40	宫崎
2	长野	12	山形	22	鸟取	32	宫城	42	茨城
3	滋贺	12	岐阜	23	香川	32	福岛	43	兵库
4	静冈	14	爱知	24	东京	34	熊本	44	福冈
5	奈良	14	鹿儿岛	25	新潟	34	冲绳	45	和歌山
6	京都	16	广岛	26	栃木	36	岩手	46	德岛
7	福井	17	群马	27	青森	37	北海道	47	高知
8	山口	18	富山	28	长崎	38	冈山	—	—
9	三重	19	神奈川	29	爱媛	39	千叶	—	—
10	山梨	19	岛根	30	秋田	40	大分	—	—

从对区域可持续性的分析可以得出，东京一点集中结构并不一定与提高区域可持续性呈正比。但是也可以理解为可持续性高的地区能够有效利用大城市的集聚

效应，因此，在日本国内形成若干个大小适中的城市集群，包括其周边地区发展成为可持续性空间会不会是实现可持续性发展社会的有效方法呢？

2. 区域发展战略

东京一极集中现象从区域可持续性发展观点来看并不乐观。因此有必要通过广域规划等各项区域政策，重新考虑日本各地的可持续性发展问题。

然而，日本目前的区域政策对于实现可持续性发展存在若干限制。控制大城市的产业活动，将产业转移至地方城市变得越来越困难。另一方面，为了缩小地区之间的差距把人口从地方圈转移到大城市，也有可能导致地方城市人口数量大量减少发展到不可控制的地步。因此，通过区域的自律性发展实现可持续性发展社会，应该是最具可行性的政策手段。

对于这种情况，笔者认为经济基础论能够起到有效的作用。经济基础论将区域产业分为：对区域外市场提供产品和服务的对外产业（支柱产业）和产品与服务针对区域内部的对内产业（地区产业）的两种类型。这相当于把一个国家的经济分为具有海外市场竞争力的出口产业和依靠内需发展的国内市场产业的方法应用到区域经济上。根据上述观点考虑区域振兴，以下三点内容非常重要。

第一，正如美国经济学家 C.Tiebout 所述，支柱产业的发展对于区域经济发展和增加区域就业机会来说是必不可少的重要条件。在日本的地方城市中，以制造业特别是汽车产业和电气电子产业作为基础产业的都市圈有望今后实现 GDP 增长和就业机会以及人口的增长（人口减少率降低）。

但是，支撑区域就业的不仅仅是这些国家支柱产业。将农业和渔业等第一产业转移到区域外市场，或者通过区域观光资源和大学等教育资源吸引区域外人口并促进区域经济发展，也可以形成支柱产业。

然而培育支柱产业也需要战略。从 20 世纪 60 年代到 20 世纪 70 年代，普遍采用在区域内大量建设工厂的方式作为加速支柱产业发展的对策。即使不具备深厚的技术积累，只要确保勤劳优秀的劳动力和交通条件以及供水条件，就能够建立工厂，从而促进就业机会的增加。但是最理想的支柱产业培育方式应该是，培养出能够充分利用区域自身技术与智慧的支柱产业。这样一来，不仅仅是制造和服务产业，还包含研发、策划等丰富内容的支柱产业。从这一点看，将区域内的大学、研究机关等的基础研究和与企业联合的应用研究等结合到区域产业中，应该能够对上述支柱产业的发展起到重要作用。

第二，支柱产业的连锁发展，单一支柱产业很难长久持续下去。重要的是，应该创造出支柱产业不断交替、轮流引领区域经济发展的结构。美国的城市经济学家雅各布斯（Jane Butzner Jacobs）就在底特律（Detroit）这个舞台上发展了这个观点。

城市发展初期底特律的支柱产业是面粉制造。之后引发制磨面机所需的机械工业和运输所需的船舶业发展，还涉及机械、金属、发动机领域的各项支柱产业的发展，最后发展到雅各布斯所描绘的作为时代明星的汽车产业上。也就是说，培育出一项支柱产业所需的技术与知识，又或者是从一个支柱产业衍生出来的转包产业正是创造下一个支柱产业的强大力量。

即使是长寿的雅各布斯也未能亲眼见证以 GM（通用汽车）为首的底特律汽车产业今日所面临的危机，因此针对如何创造下一代产业来替代现如今发展规模过大的支柱产业没有给出明确答案，对于汽车产业来说，如果能够创造出混合动力汽车（hybrid car）、电动汽车以及燃料电池汽车等来迎接未来低碳社会的到来，那么支柱产业的竞争力应该能够持续下去。此外，像从汽车产业引发出机器人产业和家庭用燃料电池产业等产业连锁发展，在未来也是必然发生的。创造力可以实现新的价值，因此应该积极将技术、学术、文化艺术等领域具有独特性的创造性成果结合到产业和就业当中去。

第三，经济基础论在强调支柱产业重要性的同时，也暗示着区域产业的壮大对于促进就业来说也是必不可少的重要因素。经济基础论通过区域乘数效应说明了支柱产业中的就业增长所带来的区域就业水平增长。也就是说支柱产业部门每增加一人就业就会为区域整体带来一人以上就业增长，甚至区域人口数量也会因此增长。但如果过于重视支柱产业而忽略区域产业，那么地区乘数效应也会随之下降。

也就是说，即使汽车、家电等行业的就业人数增加，但是如果区域内商店街处于萧条状态，那么购买力也会流失到区域外，只会使相邻大城市的商业受惠，最终实现就业增长。因此，最理想的方式应该是创造地区高乘数效应的产业结构，即通过丰富区域产业的相关领域来提高区域对随着支柱产业发展而增加的就业和伴随经济收入而增长的消费吸收能力。

如果一个区域内缺乏消费途径，即使有了难得的经济收入，也不会形成财富循环。正如将进口产品变为国产一样，如果努力加强地区的吸收能力，那么区域的就业也必将增长。针对明显的区域需求对外流失现象，创造出能够在区域内部吸收这些需求的区域产业并不是一件简单的事情。但也正是这种尝试才能够真正促进区域产业的蓬勃发展，并且还有可能创造出下一个支柱产业。

小　结

区域发展通过培育支柱产业以及支柱产业的连锁发展，创造出能够将流失区域外的需求转移到区域内部的区域产业结构得以实现。特别是简化区域产业政策，灵活发展和组合相关行业非常重要。比如农工商联合，产业之间并没有特定的联合方式，无论是观光和农业，还是农业和服务行业，任何一种结合方式都有可能实现。重要的是，应该培养出能够发现有利于区域自身发展产业的眼光，充分利用区域所拥有的技术和经验等资源，同时为积极去发现并努力的人们给予充分的支持。

本章参考文献

关于最新国土规划，以下杂志有专刊：

[1] 特集中部圏と国土の将来像—プランナーからの提案 [J]. 地域開発，2007（508）.

[2] 特集新時代の国土計画を考える [J]. 都市計画，2006（55-5）.

[3] 特集国土計画は甦るか—国土形成計画と新たな国土計画 [J]. 地域開発，2006（496）.

[4] 特集全国総合開発計画の功罪 [J]. 都市問題，2005（96-7）.

[5] ジェイコブス，J. 都市の原理 [M]. 鹿島出版会，1971.

[6] Wang, X. & R. vom Hofe. Research Methods in Urban and Regional planning[M].Springer Berlin Heidelberg, 2007.

[7]Tiebout, C. The Community Economic Base Study [C].Supplementary Paper No.16, New York Committee for Economic Study, 1962.

第 **2** 章

广域规划的意见统一和规划手法

城所哲夫

2.1 ┃ 可持续性发展区域圈和管控

1. 可持续性发展区域圈

1）背景

今日社会正面临着全球化趋势下的区域活性化（提高区域活力），实现低碳社会以及老龄化社会的生活服务重组等一系列新课题。尽管这些课题都以超越单个行政范围的广域区域空间作为单位，日本在作为创造可持续性广域空间手段的相关规划以及规划的实施主体和相关制度上还不够成熟。本章将对建立广域区域空间管控体系过程中所要解决的问题和空间规划所应具有的新作用以及规划的编制过程和手法进行论述，希望能够为完善日本广域空间规划体系并最终实现可持续性广域空间提供一些帮助。

2）广域区域空间的概念

首先对本章所要论述的广域区域空间的概念进行说明。如图 7 所示，关于对于以可持续性发展为核心目标的广域区域空间，我们在这里主要考虑都市圈空间、生态系空间和区域经济空间的 3 个空间概念。都市圈空间主要与上下班和上下学、商圈以及生活服务设施圈相对应，而生态系空间则是在国土形成规划全国规划（2008 年）中作为生态网络（有机连接人和自然的生态系网络）提出的空间概念，一般以河川流域圈作为其实际空间范围。区域经济空间则反映呈全球化发展趋势

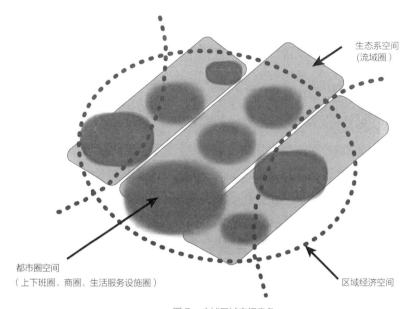

生态系空间
（流域圈）

都市圈空间
（上下班圈、商圈、生活服务设施圈）

区域经济空间

图 7　广域区域空间意象

的实际经济活动，因此也是最难形象化描述的空间领域。随着经济活动的全球化发展，人口、物质以及资本流动的自由度提高，进而使距离上的限制逐渐得到缓解。也就是说，世界趋于平坦化的同时，企业在国际市场中的竞争力除了与国际客户在时间距离上的接近度以外，还依赖于充实的制度条件、职业培训和教育条件、研发等企业所在区域的功能强度。特别是知识经济，在以具体的形态出现以前的构思阶段具有极高的价值，因此面对面直接进行的知识交流显得非常重要。换句话说，与区域内的正式和或非正式网络关系（基于交易关系的技术交流，教育、培训，各种场合的知识交流，中小生产企业之间的竞争和合作关系，社会和文化基础培养等）相一致的区域创新措施对于作为知识经济基础的技术创新基础来说是非常重要的（Cooke & Shwartz, eds, 2007）。越是在世界任何地方都能实现的经济活动越会趋于一般化，相反具有当地特色"独特而不可模仿"的经济活动就显得更加重要。

　　总结上面的内容，可以说区域经济空间意味着上述这样一个空间圈域，是企业之间、研究机关与行政之间存在承包、交易、共同研究、支援等密切网络关系并在地理上相互接近的空间概念。

2. 建立广域区域空间管控的趋势

1）广域区域空间管控

管控（governance）（这里指基于政府内外个人网络关系而进行的具有灵活性的公共决策系统）区别于作为政府机关公共决策系统的治理（government），近几年各国陆续出现从治理（government）到管控（governance）的转变趋势（John，2001）。广域区域空间除了国家、都道府县、市町村等多层政府机关以外，还需要环境、社会、经济等各个领域的多样且相互具有利害关系的政府机关、民间组织、市民组织参与其中，而这些多层且多样有利害关系的机构之间有必要相互统一意见，建立管控型社会决策系统随之也成为重要课题。

关于建立管控型社会决策系统，可以参考欧盟（EU）区域（Region）政策一直以来的相关措施。作为其代表实例，我们来看看英国区域管控体系的建立过程。英国在撒切尔执政期间广域空间管控制度一度经历了很大程度的退步，包括 1986 年的大伦敦议会（Greater London Council：GLC）等都市圈政府（Metropolitan Council）的解散。为了弥补这个损失，包括大伦敦区域内以提高区域活力为目标并由商界主导的 London First 和 London Pride Partnership 等在内，实际上英国建立了各式各样区域层面的公私合作伙伴关系（Public-Private Partnership：PPP），形成了一种自下而上的非正式社会决策空间。

在这样的背景之下，加上欧盟区域政策的影响，布莱尔政府在 20 世纪 90 年代后半期以后的区域政策中开始考虑欧盟补助金（区域开发基金等）的对象空间单位。建立了 9 个区域（Region）并在每个区域分别设立了政府区域办公室 [Government Office of the Region（GOR）：合并各个区域国家机关的组织]，区域发展机构（Regional Development Agency：RDA；在公私合作伙伴关系下承担区域经济开发战略的制定和实施任务），区域议会（Regional Assembly：由地方政府代表、民间经济组织、环境组织、社会组织代表构成的区域政策协议机关）等政府机关，通过建立区域统治体系来促进区域内具有一贯性的发展政策的实施。其中，特别是大伦敦区域在 2000 年设立了大伦敦政府（Greater London Authority：GLA），在通过直接选举选出的伦敦市长和伦敦议会的基础上，发展成为相比于其他地区更具独立性和代表性，并且被赋予较强的伦敦发展战略相关权限的组织。

2）世界各国的动向

不只是英国，在区域和城市之间的竞争随着全球化发展愈发激烈，各国加强可持续性发展对策，伴随着冷战结束迎来新国际秩序及民主化和地方分权的发展等背景之下，可以说世界各国对广域规划的看法在近几年发生了令人瞩目的变化。

广域规划政策方面领先的欧洲，在 1999 年的欧盟相关部长非正式会议中通过了属于欧洲区域层面空间规划的欧洲空间发展战略（European Spatial Development Perspective：ESDP），这对确定广域空间规划来说是一个大的转机。该战略提出了以下 3 个目标：①经济、社会一体化；②自然资源和文化遗产的保护；③欧洲内部区域的公平竞争。在这基础上提出了以下三点具体政策方针：①建立多中心均衡都市圈系统；②确保基础设施和知识的公平利用；③可持续性发展以及对自然资源和文化遗产的谨慎管理和保护。

该战略对欧洲的空间政策产生了很大的影响，各国开始为广域区域空间规划建立起制度基础。例如，英国在 2004 年的规划和强制性收购法（Planning and Compulsory Purchase Act）中对法定开发规划（development plan）体系进行了根本性的修改，并创建了由区域规划组织（区域议会：限于大伦敦地区，由市长制定）制定的区域空间战略（Regional Spatial Strategy：RSS）。该区域空间战略作为政府做出规划许可的直接性依据的开发规划被赋予法律权限，可以说很大程度上提高了区域作为建立综合性发展战略空间单位的地位。

从建立广域区域空间管控制度的趋势来看，欧洲可以说在全世界范围内处于领先地位，然而不仅仅是欧洲国家，在其他国家和地区也陆续出现了这一动向。比如在美国，以华盛顿州和俄勒冈州等位于西海岸、市民环境意识比较高的州为中心，州政府积极实施城市成长管理政策，并在之后的精明成长理念下，很多州也开始实施了基于广域观点的城市成长管理政策（小泉、西浦，2003）。除此之外，关于国家竞争战略，对于能够成为国家竞争力源泉的区域空间，提出了数百千米长、由多个都市圈组成的回廊式巨大区域概念。

除此之外，亚洲各国近几年也开始出现了构建广域空间战略的动向。比如，印度在参考日本快速发展时期环太平洋连带发展模式的基础上，提出了连接德里和孟买建立产业大动脉的构想。而在城市化快速发展的中国，国民经济和社会发展第十一个五年规划（2006 年）将国土空间划分为"优化开发区域""重点开发区域""限制开发区域""禁止开发区域"四个区域。同样在中国，在经济增长过程中城乡差距持续扩大的背景下，2008 年出台了以城乡统筹规划为核心的城乡规划法。而韩国针对 1998 年亚洲经济危机之后采取的放宽政策所导致的城市周边农村地区无序开发现象，在 2002 年出台的国土利用规划法中提出了"先规划、后开发"的方针原则，试图实现对国土利用的统筹规划管理。如前所述，欧洲、北美和亚洲各国已经开始构建以创造可持续性广域区域空间为目标的统治战略。下一节让我们来看看日本的情况。

2.2 ‖ 意见统一和广域管控

1. 广域区域空间的圈域结构

1）多中心网络型城市、区域圈

如图 8 所示，从城市和区域的功能关系来考虑广域区域空间，多中心网络型城市和区域结构作为可持续性发展的最佳空间形态被多数人提出（Hall 和 Pain，2006；Kidokoro, et al.eds.，2008）。与从中心城市到作为区域中心城市腹地圈的次中心、更次中心以及农村地区依次提供服务的过去形成金字塔式等级服务圈域（比如从高端医疗设施到诊所的金字塔式布局）的城市、区域功能关系不同，网络型城市和区域结构由相邻的城市和农村相互提供各自的有特色的服务，形成一种双向且多中心的功能关系。

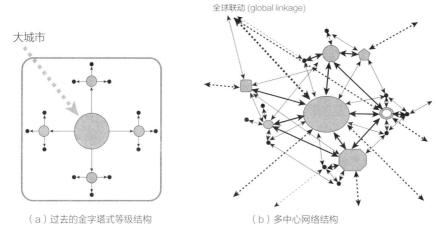

（a）过去的金字塔式等级结构　　　　　（b）多中心网络结构

图 8　两种城市区域结构

　　近年来，很多小城镇和农村地区利用丰富的自然环境资源和特色街区创造出引人瞩目的特色艺术环境，吸引着城市地区以及全国各地为体验艺术而聚集的人群随处可见，可以说是双向且多中心网络型城市和区域关系的代表实例。从城市建设的观点来看，特色艺术不应仅仅局限于艺术范畴，应该包含更广泛的内容。例如，鸟取县境港市"水木茂商店街"通过对水木茂创造的独特妖怪世界进行重叠摄影，成功地将普通小城镇转变成不同寻常独具特色的新体验场所的鸟取县境港市"水木茂商店街"，可以说是代表性的成功例子。

　　在当前制度政策下相关服务设施主要以金字塔式等级结构分布的医疗功能领域，或许也可以尝试构建网络型城市、区域结构的医疗服务体系，比如在老龄化农村地区，通过发展融医疗和老年人福利为一体的特色老年医疗服务体系，使其服务范围覆盖城市地区，这样就可以在城市和农村之间形成一种双向服务关系。

　　从生态系空间的角度来看，多中心网络城市和区域结构应该是农地和生态网络多重叠加在相互网络交织的都市圈空间上，与此同时周边由距离可当日来回的丰富自然环境所包围的一个空间体系（Forman，2008）。再从可持续性区域经济空间的角度考虑，多中心网络结构应该是各自富有独特经济活动资源的城市和农村地区的创造性人才在日常的面对面交流中相互刺激引起创新的空间体系。这样的空间范围最好在可当日来回的活动圈范围内。

2）"1 个小时 + α 圈"视角下的广域区域空间

如果对多中心网络型广域区域空间范围给出定义，那么将会是什么样的圈域空间呢。从物理性距离范围考虑，将中核市聚集的城市作为中心城市，并把常用于确定生活服务圈范围的"1 小时圈域"内的小城镇和农村地区看作都市圈，同时相邻中心城市的中心区在 1 小时车程距离范围以内的话，多中心网络型城市和区域结构可以说形成了相互之间有密切联系的网络关系。总结上述内容，可以说广域区域空间在拥有多中心空间结构的同时，是区域内中心城市和周边小城镇以及农村地区分布在 1 个小时车程距离范围内，并且四周由 1 个小时车程距离范围内的山、海等自然环境所包围的圈域空间。

在上述假设下，如果将相邻且形成网络关系的中心城市之间的时间距离设定为 1 小时 15 分钟车程，那么实际与形成统一圈域空间的关东圈、近畿圈以及中京圈[①]的范围重合。根据这 1 小时 15 分钟车程圈域对日本全国的广域区域空间圈进行分析，可以发现伴随着高速公路的建设，很多广域区域空间最终都超越县域范围而扩大发展。也就是说，实际上在很多地区已开始形成超越市町村域范围的跨县城市和区域功能关系。

除此之外，近畿圈，与关门海峡相邻的北九州和山口县西部，北陆地区，山梨、长野地区、东北地区南部等地区在空间形态上都形成了典型的多中心网络结构，而中核市聚集城市在区域内分散分布的北海道、东北地区北部、山阴地区、四国地区、九州南部等地区可以说不利于形成多中心网络结构。虽然将这些区域统一称为广域区域空间，但实际上每个区域都有各自不同的条件，应该根据区域的自身条件塑造出区域特有的空间形态。

---

① 中京圈：是以日本爱知县名古屋市为中心的都市圈，是日本三大都市圈之一，又称为名古屋圈或中部圈。——译者

2. 长野县中部地区产业集群案例分析

1）背景

接下来讨论一下广域区域空间管控（governance）的形成特点。这里，我们将区域经济空间管控作为案例进行分析。由日本经济产业省主导的产业集群规划是在超越单个行政范围，并且在空间上相互接近的区域内，充分利用知识资源的基础上，试图通过企业、研究机关、政府之间的合作促进产业发展和集聚的战略规划（经济产业省，2008）。产业集群规划将区域内较活跃的技术创新活动视为区域经济活力的源泉，而这一点恰恰与本章所提出的可持续性区域经济空间的本质建立在相同观点之上，可以说是典型的区域经济空间政策。产业集群规划的制定和实施并没有法律制度作为依据，而是尝试通过自下而上的各项措施来实现规划，这一点与前面所述的伦敦大都市圈实例相似，属于自发性形成广域区域统治的典范。

下面将日本长野县中部地区作为案例进行详细分析。

从山梨县到长野县中部的区域空间，以中央汽车道、长野汽车道以及中央本线和信越本线作为区域的主要交通，将甲府市（人口约 20 万人）、诹访圈地区（圈域人口约 21 万人）、松本市（人口约 23 万人）等区域内的中心城市、小城镇以及农村地区连接在 1 小时车程距离范围内，并且，这些城市群在周边地区拥有丰富的自然环境，形态上构成了典型的多中心网络型城市和区域空间结构。从产业结构来看，该区域作为邻近首都圈的重要供应基地满足着首都圈巨大消费需求，特别在制造业领域，是精密机械零件、电气电子零件坚实的供应基地，从整体来看形成了具有统一性的区域经济空间。

正因为在制造业方面拥有统一产业结构，长野县中部地区在前面所提的产业集群规划中被定位为中央汽车道沿线产业集群地区［以长野县诹访圈（诹访、冈谷等六市町村）、盐尻市、松本市、伊那市、山梨县甲府市为中心构成的区域］。

2）区域经济空间统治体系的形成

在这个区域，以制造业作为区域核心产业的诹访圈各市町村和盐尻市等地区作为精密机械和电气电子零件主要供应基地，在 20 世纪 90 年代以后伴随着大型企业大量地向其他国家转移，开始出现严重的产业空洞化现象。日本政府针对这一问题采取了很多补救措施，而区域经济空间管控体系也正是从这些措施中萌芽发展出来的。下面在参考希利理论（Healey，1996）的基础上，围绕社会共同体（具有共同价值观的人群聚集而成的大集体）、论坛（多个利害关系人交汇的场所）、网络（多个利害关系人之间的宽松的连接）、框架（对于利害关系人之间的宽松的连接提供具体形态的框架）的 4 个分析概念，对区域经济空间管控体系的形成特点过程进行分析。

（1）社会共同体的形成

在大型企业的合作、承包企业聚集的长野县中部地区，过去中小企业之间激烈的竞争关系使这些企业之间合作很少，但是从 20 世纪 90 年代开始，随着大型企业转移到海外，这些中小企业不得不谋求自立，结果，在中小企业聚集的诹访圈地区，有活力的企业之间发挥各自特长，自发性地组建了异业（不同行业的企业）合作集团，实现了快速而种类丰富的零件供应。类似的还有，由属于县产业支援机关的技术（Techno）财团诹访湖侧区域中心发起建立，作为产业集群规划的重要部分而诞生的桌面工厂（Desktop factory，简称 DTF）研究会（诹访地区 14 个企业和关东经济产业局、山梨大学、产业技术研究所、长野县精密工业实验所、冈谷市参与）和由诹访地区的 10 个企业共同出资组建的新公司"世界最快速度测试中心"等。

在这些异业合作集团中，扮演意见领袖角色的经营商重复参与多个集团，通过集团活动，在日常交流中分享各自对区域空间产业发展的"想法（观点）"，对社会共同体的形成起到了很大的作用。这些企业家社会共同体基本上成立于诹访圈六市町村内，而该六市町村在地理空间上集中在较窄的空间范围内，并在历史、文化方面有着深厚的联系。

（2）创建论坛（平台）

关于论坛，这里特别要提的是，在诹访圈六市町村工商会议所[①]、工商会的

---

①工商会议所：为促进工商业的发展，在一定区域内由工商业者组建的公益社团法人。——译者

合作和六市町村政府的支持下，从 2002 年开始每年都举办诹访圈工业博览会。该工业博览会对各领域产生了不小的影响，在区域经济方面关于超越市町村行政范围组建统一圈域的意识也随之高涨起来，并且开始定期召开诹访圈六市町村工业科长会议。在六市町村政府的邀请下，经济产业省关东经济局的相关部门科长从第一届开始一直出席该会议，围绕双方对工业振兴政策和事业的看法和观点进行交流，通过该会议对相关主体进行实质性协调。

另外，2005 年还成立了负责博览会事务的非营利机构法人[①]诹访圈制造业推进机构，由此建立了围绕区域活性化主题运营的超越单个工商会议所、工商会范畴的新论坛。诹访圈六市町村曾经多次尝试市町村之间的合并，但由于市民的反对都以失败告终，因此对该非营利机构法人能够在区域经济振兴方面起到广域联合作用有很大的期待。实际上在产业集群规划中已确定该非营利机构法人作为广域联合点组织的地位，该法人还被六市町村相关审议会、协议会等多个会议组织聘为委员，从整个诹访圈区域的观点进行发言讨论。

（3）建立网络关系

从诹访圈区域经济空间可以看出，相对宽松的网络关系不同于在相对较小的空间范围内建成并发展的社会共同体、论坛，是在更为广域范围内发展形成。该区域内具有重要影响力的组织性网络有：以各市町村以及技术（Techno）财团诹访湖侧区域中心为首的产业支援机关和经济产业省关东经济产业局之间形成的网络关系。特别是在产业集群规划实施以来，关东经济局一直致力于听取各市町村政府和当地企业的意见，各市町村和关东经济局的关系也随之变得日益紧密。该网络还将各市町村政府的年轻职员调到关东经济局，这个举措可以说在分享关于产业振兴的观点上起了很大的推进作用。

不仅如此，该地区的产官学合作[②]网络发展也很活跃。比如，信州大学工学

---

① 非营利机构法人：英文"non-profit organization"的缩写，直译为"非营利组织"或"非营利法人"，中文叫"公益财团法人"。——译者
② 产官学合作："产"是指产业界、企业；"官"是指政府；"学"是指学术界，包括大学与科研机构等。日本政府及学者专家与企业通力合作，实行产官学三结合的体制，是日本战后经济起飞的重要经验。——译者

系研究科（长野市）在与诹访圈六市町村的合作中，将冈谷技术园区（Techno Plaza Okaya）作为卫星校区，面向当地企业技术员开设了超细微加工技术员职业培训硕士课程，而在与盐尻市的合作中，同样将盐尻孵化广场（incubation plaza）作为卫星校区，开设了 IT 技术员职业培训硕士课程。这些课程均成为实现各地区产业振兴战略的重要手段，从这一点看，可以将职业硕士课程的开设看作相关领域大学研究员与地区之间的观点分享行为进一步加深的结果。而这些课程的毕业生在建立新的区域社会上也被寄予了厚望。除此之外，山梨大学（甲府）、诹访东京理科大学（位于诹访圈内的茅野市）也积极参与到区域联合活动中，逐渐建立起广域产官学网络关系。

另外，在区域经济振兴方面，除了诹访圈内的市町村以外，其他市町村之间的网络关系并没有强化的趋势。这说明在各行政区域之间建立超越单个行政范围的网络关系并不是一件简单的事情。

（4）框架的作用

长野县中部地区可以说一直由关东经济产业局主导的产业集群规划扮演着框架的角色。然而产业集群规划本身只是将对象区域联合起来，确定各个地区作为区域经济振兴区域的地位，并不涉及区域发展的具体方向等内容。但是，在制定产业集群规划的过程中，随着根据特定产业集聚活性化法编制的活性化规划等政策措施起了一直强调区域作为高附加值零件超级装置（super device）供应基地的发展方向的作用，在各市町村和关东经济产业局之间的网络关系逐渐发展强大的过程中，实际上为各主体之间的以合理的形式扮演着分享交流各自观点的框架角色提供了合理的框架。

再从涉及区域经济活性化层面的框架来看，可以说区域内大型企业的企业战略也起着重要的作用。其中具有代表性的是：精工爱普生（Seiko Epson）公司将各个分公司分散布置在以总公司所在的诹访市为中心、半径约 40 千米范围内的长野县中部地区的各市町村内，加上每个分公司所在地区周边的合作承包企业群，确定了其在所在市町村中作为区域首屈一指大企业的地位。在中央汽车道沿线产业集群规划中，盐尻市和诹访圈围绕信息相关产业集聚和精细加工技术集聚的发展战略也是根据各自地区精工爱普生分公司的布局而定的，由此可以看出精工爱普生的企业战略对于确定产该区域业发展战略起着很重要的框架作用。

以上，以长野县中部地区为对象，对区域经济空间统治体系的建立过程进行了分析。该案例反映的管控体系建立过程具有如下几个特点。

第一，共享地区危机和发展方向的社会共同体一般自发性地，或者通过作为论坛的产业支援机关的具体战略、诹访圈工业博览会以及非营利机构法人法人诹访圈制造业推进机构的活动等，突破工商会议所等原有框架，建立在少数中小企业经营者、行政产业支援机关以及行政关键人物之间的关系中。而社会共同体的空间范围最终确定在与社会、历史方面有着密切关联的诹访圈范围内。这暗示着社会和文化方面的共同经验最终将成为创建具有深厚的意识共享关系的社会共同体的重要条件。

第二，另一方面可以看出意识的共享在更大范围内也在起步发展。比如，长野县产业振兴战略规划（2007）提出的作为长野县产业发展战略的"智能模块（smart module）"就以实现零件的高附加值为目标，这一点与作为诹访圈和盐尻市发展目标的超级装置基本一致。再来看一下参与战略制定的成员，其中，不仅有企业家—— 社会共同体的关键人物，还有曾经参与诹访圈和盐尻市町村产业振兴规划的制定并对地区现状有着深入了解的信州大学教师，以及属于地区头脑企业的（财）长野经济研究所和政策投资银行分行负责人等关键人物。这说明区域关键人物之间也形成了一种广域网络关系。另外，与信州大学、山梨大学等之间积极开展的产官学合作也在积极进行中，很大程度上产官学之间的意识共享随之也得到了很大的发展。

第三，这里需要指出的是框架的重要性。由关东经济产业局主导的产业集群规划虽然不是法定规划，或者正因为不是法定规划，通过强调相关地区在可持续区域经济活性化观点上作为统筹化区域空间经济的地位，能够灵活地将自下而上形成的社会共同体和网络，甚至是广域分布的大企业的企业战略结合在一起。这一点与为方便申请国家补助金而自上而下组织起来的各项制度的协议会有很大的差别。

综上所述，可以说长野县中央汽车道沿线区域存在很明显的广域区域空间管控发展趋势。同时，虽然以产业界为中心的关键人物网络化得到了一定的发展，但是更具广泛性和多样性的利害关系人之间围绕可持续性区域发展的意识共享趋势尚不明显，这也可以说是今后要研究的重要课题之一。

2.3 ▎情景规划

1. 情景规划的意义

1）广域区域空间中与其他主体协商场所的重要性

如前面的长野县案例所示，虽然部分地区已出现广域区域统治体系的发展趋势，但是在广域区域空间层面的规划中，参与规划的主体除了政府机关以外，往往由一些经济组织等构成，且大部分情况下区域公共政策在很大程度上取决于拥有这些组织资源的少数集团之间的协调。实际上在这方面走在前端的欧洲国家也存在同样的问题。另外，个别本应代表公共性的地方政府在协议过程中因通过开发来增加税收而成为利害关系人（stakeholder）中的一员，甚至很多情况下地方政府更是在城市重建和工业区开发等大型开发项目中成为直接利害关系人。在这种情况下，仅仅是利害关系人与地方政府的主体结构不足以建立新的规划途径来为多个主体之间灵活而有效的协调提供基础，而需要建立能够使环境市民组织、街区建设市民组织等呈多样性的主体，让市民以平等的身份参与到规划的制度体系。

2）作为交流手段的规划方式

这里所需的规划制定方式，并不是由各组织代表站在各自立场上对事务局（行政）提出的草案，由各组织代表站在各自立场上提出意见的过去式规划制定方式，而应该是各个领域的利害关系人面对面并分享各自"想法（观点）"的公开讨论。很多观点指出，这样的一个规划制定方式的转变其实可以说是等同于向重视交流的规划制定方式（communicative planning）的转变（Innes，1995）。需要注意的一点是，这里所说的交流不仅仅意味着信息传达，更是指人与人之间的联系，即交流并分享各自"想法（观点）"的过程。为了能够在具有不同历史和社会背景的文化基础的广域区域空间内有效地上分享各自的"想法（观点）"，各主体应该在共同参与规划过程中利用动作、表情和氛围等超越语言的交流手段来传达自己的想法，并做好互相理解的思想准备和努力以及其实施过程。

通过这种方式制定出来的规划，不同于过去基于利害关系人之间的"同意"而成立的项目目录式"规划"，是以可持续性发展为目标，并通过给每一个参与到规划过程中的利害关系人提供可以跟他人交流个人思考和行动为交流的框架来确定区域的总体发展方向。

2. 情景规划的方法

1）变革时代的规划

那么，这样的规划应该通过什么样的方法来制定呢？在过去的趋势型规划手法中，规划的制定可以说是像预测未来汽车交通需求量一样，根据现在的趋势预测未来的需求，并针对这个需求计算出所需供应量，再以项目形式填补实际供应量与未来所需供应量之间的差距。填补差距的方法实际上有很多种，关于这些方法可以在规划制定过程中进行讨论和决策，然而区域未来发展目标却作为前提内容事先被确定（或者设定）下来，因此很难在规划制定过程中对其进行讨论并做出决定。

然而，在多变的当今社会，或者说以地球环境问题为代表的，有很多迫切需要本质性改革的问题的时代，以延长过去趋势作为前提的趋势型规划手法已不足以成为面向未来的行动方针。情景规划中的情景（scenario）表示关于未来目标的各种代替方案，从这一点看，可以说情景规划是理想的规划手法。情景规划的应用实例有：利用 back-cast 方式（先设定未来目标，再根据这个目标来探索实现目标的具体手段以及社会的理想状态）提出两种低碳社会模式（情景 A 以经济发展和技术为主要目标，情景 B 主要重视区域和自然环境保护），并根据各自的情景模式研究如何控制二氧化碳排放量而达到设定的目标值（日本国立环境研究所，等，2008）。

如何由专家们制定出富有逻辑性的情景替代方案在这里并不重要，真正重要的是在完善情景替代方案的过程中，聚焦于规划制定过程的利害关系人是否能够有效地分享对实现未来目标的"想法（观点）"。为了能够使参与规划的相关主体之间更加有效地分享各自的想法和意见，比起在单纯的目标值基础上展开讨论的 back-cast 方式，以 forecast 方式（以现阶段存在的问题为起点，设定以创新而具有结构性的改革为基础的未来目标）对情景方案进行改善或许更为有效。但是，像通过减少大气二氧化碳排气量来防止全球变暖一样需要在全球范围内实现的重要目标，就应该同时利用 back-cast 方式和 forecast 方式。

2）情景规划的过程

接下来将利用 forecast 方式对情景方案进行改善的方法作为实例，介绍东京大学城市建设（Machitsukuri）学院专题研究讨论课实际采用的方法。

（1）利害关系主体分析和行为主体分析

首先，应该通过有关利害关系主体的分析明确区域的实际利害关系主体。然而这里的重点并不是以原有的组织和机关为基础，而是从个人到组织、再从组织到社会（相关区域级别以上的机关组织）以自下而上的方式发掘出利害关系主体并找出这些主体之间的网络关系。这里必须需要注意的一点是，任何个人都可以同时从属于多个组织，却并不是每个人都包含在组织里面。接下来再从政府、民间企业以及市民这 3 个主体类型抽出各自在利害关系主体网络中扮演网络核心角色的行为主体（行为主体分析）。不仅如此，对一些虽然没有成为网络核心主体却起着重要作用的隐形主体也应该引起重视。

（2）区域目标任务分析和价值分析

接下来通过 SWOT 分析对区域的目标任务进行分析，并制定发展战略目标。SWOT 分析是指从优势（Strength，用 S 表示）、劣势（Weakness，用 W 表示）、外部机会（Opportunity，用 O 表示）、威胁（Threat，用 T 表示）4 个方面对研究对象课题进行分析的方法，作为战略目标的制定手段也是最常见的方法之一。通过将制定出来的战略目标根据可持续性发展的三大要素，即环境、社会、经济的 3 种价值进行整理，最终总结出该区域所要追求的价值目标。

（3）情景描绘

情景描绘指根据主体分析和价值分析的结果描绘出情景代替方案的过程。

具有代表性的关于长期性社会变化的情景分析有 Royal Dutch Shell 的情景分析（Royal Dutch Shell, 2005）。该案例提出，决定未来世界的重要因素有市场影响力、交流以及政府的管控能力，将极端偏向一个方向的未来发展目标进行排除之后，在描绘出由上述 3 个因素中的两个因素组成的 3 种普通的情景代替方案的基础上，对社会未来发展目标进行分析。通过对该手法的学习，这里总结出了描绘代替性情景方案的方法（图 9）。代替性情景方案基本上由行为主体代替方案和所追求的目标价值的代替方案组合而成。首先，将通过行为主体分析选出的政府、民间企业、市民 3 个方面各自的行为主体标在三角形上，再总结出由 3 个因素中的两个因素组合而成的 3 种代替性行为主体代替方案（每个代替方案都由 3 个行为主体中的两个行为主体成为核心主体引导区域发展）。然后再将通过区域课题分析导出并按可持续性发展 3 要素整理出来的战略目标价值标在另一个三角形上，总结出由 3 个因素中的两个因素组合而成的 3 种代替性目标价值（每个代替方案都以三个价值中的两个价值为核心目标价值）。最后，根据主要的行为主体代替方案和核心目标价值代替方案通过矩阵得出代替性情景方案。

在探讨区域社会所要实现的目标任务时，预测行为（action）发生的具体方向应该对于像政府主导的以经济发展为优先的社会一样由单个价值和单个行为主体构成的极端情景方案（图 9 三角形的顶点）和涉及整个价值和行为主体的情景方案（图 9 三角形的中心）进行排除，这样一来前面所述的情景方案总结方法在描绘区域社会未来发展目标上可以说是很有效的一种方法。

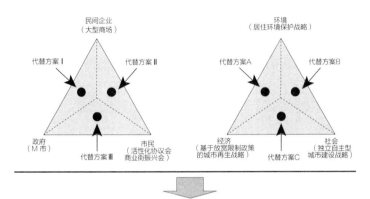

图 9   作为矩阵领域分析得出的 M 市中心城区活性化的代替性情景方案制定实例

小   结

本章对广域区域空间的概念和在这样的空间所应建立的理想规划管控体系，以及能够使各式各样的主体分享各自"想法（观点）"的情景规划的制定方法进行了概述。对在建立广域区域空间统治体系的过程中，起着为自发性建立的社会共同体和网络赋予具体形式，并连接两者框架作用的重要性进行了论述，而广域区域空间规划恰恰起着这个框架作用。人们常常将"规划"误以为单纯地记录关于在规划过程以外进行的协调结果，为了使规划能够正常发挥框架功能，有必要将规划作为协调过程来理解。另外还需要将规划过程转变为制定可持续性区域发展战略目标以及多主体之间进行积极而灵活讨论的场所。

本章参考文献

[1] 小泉秀樹，西浦定続. スマートグロース－アメリカのサスティナブルな都市圏政策 [M]. 学芸出版社，2003.

[2] 経済産業省地域産業グルー. 産業クラスター計画－産学官の連携による新事業新産業の創出支援 [M]. 経済産業省，2008.

[3] 国立環境研究所, 京都大学, 立命館大学, みずほ情報総研. 2050 日本低炭素社会シナリオ: 温室効果ガス 70% 削減可能性検討 [R]. 環境省地球環境研究総合推進費戦略研究開発プロジェクト報告書，2008.

[4]Cooke，P. & D. Schwartz. Creative Regions: Technology，Culture and Knowledge Entrepreneurship [M]. Routledge，2007.

[5]Forman，R.T.T. Urban Regions: Ecology and Planning beyond the city [M]. Cambridge University Press，2008.

[6]Healey，P. Collaborative Planning: Shaping places in fragmented societies [M]. University British Columbia Press，1997.

[7]Hall，P. & K.Pain. The Polycentric Metropolis: Learning from Mega-City Regions in Europe[M].Earthscan，2006.

[8]Innes，J.E. Planning Theory's Emerging Paradigm: Communicative Action and Interactive Practice [J]. Journal of Planning Education and Research，1995.14（3）: 183-190.

[9]John，P. Local Governance in Western Europe [M]. SAGE Publications，2001.

[10]Kidokoro，T.& N.Harata.& L.P.Subanu.& J.Jessen.& A. Motte.& and Seltzer，E. P.Seltzer. Sustainable City Regions: Space，Place and Governance.[M] Springer，2008.

[11]Royal Dutch Shell. Shell Global Scenarios to 2025 [Z].Royal Dutch Shell Group，2005.

[12]Kreukels，A. Metropolitan Governance and Spatial Planning: Comparative Case Studies of European City-Regions [M].Spon Press，2003.

第 **3** 章
区域活性化和广域政策

濑田史彦

3.1 ‖ 区域活性化前提的变化

到目前为止，对于区域活性化并不存在明确的定义，而是根据不同的主体产生各不相同的解释。然而，实际人们印象中的区域活性化至少在近几年都以人口增长、经济发展以及景气回升等作为必要条件。同时，区域活性化相关主体都坚信能够通过人为手段来实现区域活性化。因为，如果区域活性化可以自然实现的话，也就没有必要对这个问题进行深入探讨。

进入 21 世纪以来，经济发展和人口增长这两个条件在很大程度上失去了作为区域活性化必要条件的意义。比如，日本从 21 世纪初开始出现人口减少现象。根据目前为止的人口出生率变化趋势，可以说未来日本的人口无任何回升征兆。不仅如此，在工业和经济快速发展、同时人口数量在全国范围内增长的过去实施的一系列区域活性化政策实际上也没能够带来人们所期待的结果。虽然会有部分例外情况，但是从整体来看，农村、山村、渔村地区的人口过疏化现象仍在继续，并且这一现象还逐渐波及小城市。进入 21 世纪以后，东京一点集中现象也越来越严重。从这些情况来看，区域活性化貌似到了不可实现的地步。但是，如果改变一直以来人们对区域活性化的固定观念，朝着新的区域发展目标发展的话，情况会有所不同。现在正是改变大多数人对区域活性化的固定观念，为 21 世纪日本的未来重新设定健康稳定发展新目标的重要时期。而这一目标与构成本书主题的广域规划有着密切的关联。

3.2 ‖ 从人口增长到功能维持的转变

1. 稳定发展期的区域活性化："人口增长""经济发展""景气回升"

在若干个大型报社的搜索引擎和日本国会图书馆的文献检索引擎中,关于"区域活性化"的搜索结果,最早的报道也在 20 世纪 80 年代前半期。在那之前,"活性化"一词一般用在表示经济(日本以及世界经济)和特定行业(农业等)的景气回升上,而代表特定区域活性化的用语也只局限于"港口""市中心"等。从当时"活性化"一词的用法中可以看出经历了经济从繁荣到急剧衰退的地区试图恢复区域经济的强烈愿望,而"再活性化"一词在当时也被频繁使用。作为 20 世纪后半期日本国土政策核心内容的全国综合开发规划中,"活性化"一词一直到第三次规划(1978 年)也没有出现。

"区域(的)活性化"一词开始被频繁提起是在 20 世纪 80 年代前半期。这正是日本度过石油危机之后步入经济稳定发展期,同时人们的关注点从经济至上主义到关注环境公害问题、控制无序开发并积极推进农村、山村地区的振兴等开始转向各种区域相关问题的阶段。另一方面,随着经济萧条期的结束和经济全球化发展,中心枢纽管理功能变得越来越重要,东京一点集中现象也逐渐变得明显。这也是"区域"一词开始以新的含义被人们所认识的时期。换个角度说,或许可以理解为不只是港口和城市中心区等特定区域,大都市圈以外的所谓地方圈也都成了"积极推进经济急剧衰退地区的经济发展和恢复"对策的对象区域。

当时正是内发性发展论风靡的时期。其中有不少成功例子都不是在快速发展期通过在国土政策框架下由国家主导的大型开发项目实现的,而是通过从区域社会共同体以及地方层面摸索出来的新的发展模式得以实现的。

054   /   广域规划和区域可持续性发展

　　另一方面，为了促进区域活性化，国家层面也出台了各种相关政策。包括中央集权式政策实施方式在内，这些政策虽然受到了很多批评，但是至少在理念方面（或者是表面上）尊重了区域自主性的同时，也充分体现了区域特色。比如，过疏地区振兴特别措施法、大规模空间范围的高科技城市（Technopolis）[①]为促进对加快区域产业发展有贡献的特定项目的集聚而制定的《头脑立地法》（1988）、地方站点城市构想（图10）、多极分散型国土等政策。在国土政策方面，"区域活性化"一词从第四次全综规划（1987）开始频繁出现，从此区域活性化不仅成为日本国土政策的核心目标，还确定了其作为缩小区域差距的主要手段和目标的重要地位。

　　自下而上和自上而下，这两种方式的区域活性化虽然在发展模式和具体实施形式等方面存在很多相互对立的部分，但是在将包括人口和收入增长在内的区域发展和经济恢复作为核心目标上却达成了一致。这反映了日本对改变现状并最终实现区域可持续性发展的强烈愿望（表6）。一村一品运动所描绘出的理想蓝图（图11），是对区域特产进行开发、改良并销售到区域外，从而增加区域收入和就业机会来维持区域人口（特别是年轻人口），最终实现区域活性化。而国家政策方面，在以地方上下班圈为单位的广域空间范围内，设定了不依赖于包括东京在内的大都市圈的自立发展目标。最终实现区域活性化的未来发展蓝图（图12）。

表6　各个市町村对一村一品运动的期待

项目	回答市町村（多项选择）
收入增加	22
热情高涨	15
生产区的建设发展	10
培养接班人	9
稳定的经营	7
防止过疏	6
新产品开发	6
培养当地企业	6
稳定的流通	5
提高生产能力	4
就业增长	4
确立连带关系	3
确定区域代表产品	3
实现土地换耕	2
提高土地利用效率	2

（出自：综合研究开发机构，1983）

[①]高科技城市（Technopolis）：是指日本的高科技城市以及为建设高科技城市而制定的规划。——译者

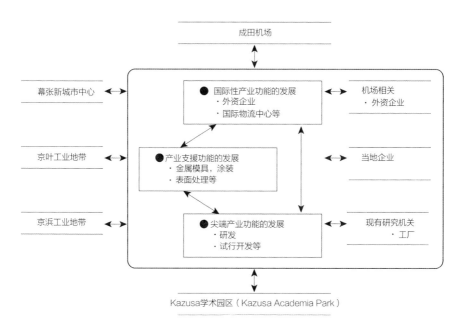

图 10　地方站点城市区域的概念实例（根据《长生、山武地方站点城市区域基本规划 2006》制定）

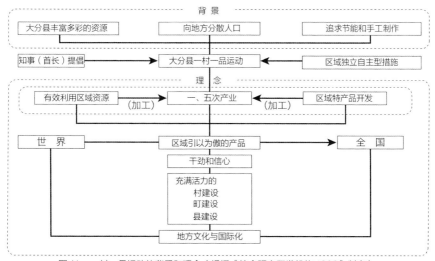

图 11　一村一品运动的背景和理念（根据《综合研究开发机构 1983》制定）

图 12　地方站点城市区域（2006 年 4 月 1 日当时，阴影所表示的 85 个区域）（根据国土交通省主页制定）

2.《城市建设三法》修改下的区域活性化

到目前为止，还有不少人将活性化理解为经济发展、景气回升等内容，也许一直以来活性化就给人们留下了这样的印象。然而，从 2000 年后半期开始人们开始关注日本的人口减少现象，已经很少有人相信日本的人口数量在中短期内可以恢复原来的增长率。但是，到底有多少人能够对人口减少地区的活性化、不伴随经济发展和景气回升的区域活性化做出具体的描绘呢，现实并不乐观。然而，主要政策目标并不包括经济发展、景气回升等内容的新一代区域活性化政策实际上也取得了很大程度的进展。

根据 2006 年部分修改的《城市建设三法》制定的城市中心区活性化政策便是其代表。经过同一年的法律修改，对于新总体规划待审批城市，相比于法律修改前的规划，新增加了实现区域活性化所必要的精细而严谨的逻辑和详细的信息分析以及五年规划目标等内容。然而越是经过精细分析，伴随着未来人口的减少，对与"活性化"一词一直以来所代表的内容相匹配的辉煌未来的期待也变得越来越渺茫。并且，越是地方小城市这种倾向就越严重。实际上截止到 2009 年末，总体规划审批通过的 90 个市的 92 个规划（作为政令指定城市的北九州市和静冈市分别有两个地区审批通过了规划）中，人口规模在 10 万以下的小城市占少数，大部分都是中核市、特例市规模的大城市（表 7）。

表 7 城市中心区活性化总体规划审批通过的城市人口

规模排序	城市中心区活性化总体规划审批通过的市町村（截止到2009年6月30日）	人口（人）（2006年3月31日）	基础地方政府的人口、人口必要条件
1	名古屋市（爱知县）	2 145 208	—	—
2	神户市（新长田地区）（兵库县）	1 498 805	—	—
3	北九州市（两个地区）（福冈县）	989 830	—	—
4	千叶市（千叶县）	905 199	—	—
5	新潟市（新潟县）	804 873	—	—
—	—	—	500 000	指定政令市必要条件
—	—	—	300 000	指定中核市必要条件
	审批通过城市的平均值	286 539	—	—
—	—	—	200 000	指定特例市必要条件
41	审批通过城市的中间值 伊丹市（兵库县）	192 680	—	—
—	—	—	134 836	全市（778个市）平均值
—	—	—	68 902	全市区町村（1844个市町村）平均值
—	—	—	68 152	全市中间值（敦贺市）
—	—	—	50 000	指定定居自立圈中心市的必要条件
77	四万十市（高知县）	37 940	—	—
78	远野市（岩手县）	32 072	—	—
79	丰后高田市（大分县）	25 635	—	—
80	富良野市（北海道）	25 297	—	—
—	—	—	24 121	全市区町村中间值（宿毛市）
81	砂川市（北海道）	20 043	—	—

　　出现这种情况的原因之一便是若要通过总体规划审批就需要具备能够制定高水平精细规划的人力资源。而很多小型地方城市并不具备城市中心区完整的基础数据，也没有足够的财政基础和人才资源来独立进行测量，因此这些小城市在总体规划审批初期就经常被指出缺乏制定有说服力规划的能力。

　　但笔者推测实际的情况是，即使有这些完整的数据和人才资源的支持，并且很好地调整集中城市中心区，也有很多小规模城市无法设定"活性化"的目标。因此，总体规划审批通过的小城市也存在不同程度上的差异。

　　在法律修改之后，同青森市首批通过总体规划的富山市实施了"紧凑城市"相关项目——促进轻轨等公共交通发展以及与之相关的各项补助政策，城市中心区基础设施建设等。富山市一直以来以积极采取各项区域活性化相关措施而著名。然而如果仔细观察富山市总体规划的内容，就可以看出新的规划并不是以恢复过去中心商业街的繁华作为核心目标，而是根据大型商业设施的重建和新干线站的新建等规划严格计算出来的富有可现实性的内容，即使到2011年顺利实现规划目标，在繁华程度上人口数量（步行人数、公共交通上下车人数等，图13）也少于十几年前。这与过去所谓象征繁荣的"活性化"有着很大的差异。

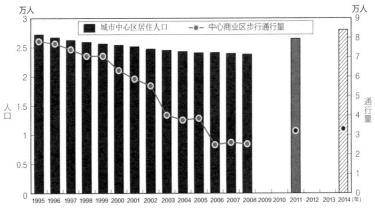

图13　富山市城市中心区居住人口和步行通行量的变化（黑）以及目标（灰色）（笔者根据富山市"关于贯彻法定城市中心区活性化总体规划的报告（2009-03-27）"制定）

　　根据相关报告，城市中心区（图14）问题中最受关注的商业街（图15）衰退问题实际上在实施各项相关政策之后并没有得到显著的改善，即使超额实现总体规划目标，也很难保证所有的商业街都能够维持下去（富山市的总体规划中并没有设定关于零售行业的具体目标）。这一现象从过去"活性化"所象征的内容看可能会存在一些问题。也有一些报道和报告指出，在总体规划审批通过之后其中的旧址重建滞后直接影响了总体规划目标本身实现的可能性。

　　但是，如果从另一个角度来评价富山市的情况，也就是说并不是像活性化一词过去所代表的含义一样在相对短期内实现繁荣发展，而是即使无法恢复过去的

图 14 富山市城市中心区　　　　　　图 15 富山市中心商业街

繁华，但是只要城市功能健全，自然景观丰富，能够让老年人享受安全方便以及成本合理的生活，实现"静态活性化"，那么人们的看法也会有所不同。这可以说是一种冷静的、缓慢而长期的，并且是可持续性的发展，并不是短暂而激烈的过程。表示富山市紧凑城市理念的"扦子和丸子"城市结构也并非在短期内实现理想的紧凑城市，是远远超过总体规划年限而经过数十年的时间来慢慢促进而成的（图 16）。

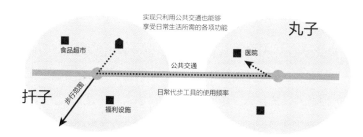

图 16 "扦子和丸子"关系的城市建设概念图（根据富山市城市中心区总体规划宣传册制定）

3. 21 世纪活性化即"维持"＝"可持续性发展"

另外，2009 年提出的定居自立圈构想在方针原则上也强调着区域活性化这一内容。关于定居自立圈构想将在后面的第 5.2 节进行详细论述，在此不进行具体说明，但是至少从定居自立圈构想的纲要（图 17）等来看，与一直以来的国土

图 17 定居自立圈构想概念（出自：总务省主页）

政策相同，都强调着"活性化"发展这一目标。总务事务次官[1]在"关于促进定居自立圈构想纲要（的通知）"明确了定居自立圈构想"通过相互协助合作，实现整个空间圈域活性化"的目标，并通过这些相关措施"促进民营企业在地方城市的投资落地，拉动内需实现区域经济活性化的同时，在地方圈创造适合分权社会的稳定的社会空间"。另外，关于具体合作事项，强调了"积极采取各项相关措施，通过定居自立圈整体活性化来实现人口定居""应该充分重视区域整体的活性化"等内容。

实际上并不会有多少人将定居自立圈构想理解为实现过去象征繁荣发展的"活

①事务次官：负责协助国务大臣整理省务、厅务，监督内部各部门事务的一般官职的国家公务员。——译者

性化"的政策手段。事实上定居自立圈的重点在于通过设立地方公共服务站点并将相关设施和服务集中于此来确保逐渐萧条而难以维持下去的农村、山村、渔村地区的公共服务，同时建立区域公共服务网络来保障人们的正常生活。设定以上下班、上学范围为基准的都市圈，由达到一定标准（原则上人口为 5 万，昼夜人口比值为 1 以上的城市）的城市发表"中心城市宣言"，并通过与周边市町村缔结个别协议，实际承担一部分周边市町村的公共服务功能并由国家对其提供支援。在这些国家政策中并没有看到像过去国土政策为缩小区域差距而实施的一系列措施中所能看到的都市圈整体活性化和恢复区域经济等的意图，而是采取了一种由"中心"城市对无法通过行政手段维持公共服务的"周边"市町村提供帮助的方式。在这里，活性化同样意味着区域各项功能的长期性维持，而不是短期内的经济发展和景气回升。

当前社会需要我们改变对活性化或者是区域发展的认识。根据修改的《城市建设三法》制定城市总体规划必须提交内容精细的规划方案，总体规划从而也变得更加重视现实问题，虽然以过去的内容和标准来看或许新的规划内容并不是很华丽，但是至少在建立能够确保居民稳定生活的可持续性未来城市结构上有着很重要的意义。而定居自立圈构想则是一种以医疗为首的公共服务体系濒临崩溃的地区将公共服务功能委托给周边的中心城市，并与中心城市建立最大限度的合作关系的政策措施。虽然"活性化"一词仍在被使用，但其代表的意思实际上已完全不同于过去。

3.3 ┃ 区域活性化视角下的广域规划论

1. 进入防御态势的广域政策

如前面所述，随着区域活性化所代表的意义从经济发展、人口增长等呈上升趋势的内容转变为维持公共服务等以维持为主的防御型政策体系，不仅是区域活性化相关措施，广域规划和广域圈相关措施也会发生变化。

在区域发展和经济增长空间比较大的稳定发展期，占主导地位的应该是积极推进基础设施建设从而使整个圈域居民享受平等的公共服务，并通过培养发展区域基础产业来提高以圈域经济独立性为主的综合性广域圈政策。而这一系列广域规划和广域圈政策的重点在于确定广域圈在实现区域内特色产业的集聚和提升以及区域经济的繁荣方面将要扮演的角色。在公共服务方面则力求为构成劳动力主力军的年轻人和负责高附加值产业的高学历、高收入人群提供优质服务，从而防止这些人群转移到东京等大城市去。作为 20 世纪 90 年代代表性广域圈措施的地方站点城市区域的建设发展也属于这一类型的政策。

　　然而现在，特别是在地方圈，广域圈政策主要讨论的内容是与生存（权利）相关的基础性公共设施（医疗、福利等）的部署问题。前面所提到的定居自立圈构想虽然名义上包含经济活性化相关内容，但是其主要目的却在于将地方圈濒临凋敝的公共服务集中到一起，从而最大限度地维持人口不减少。另外 21 世纪初实行的 "平成①大合并"，与其说是通过合并提高区域的自主经营能力，政策的主要目的更倾向于解决基础性公共服务供应严重不足的地方小城市的财政困难，这样一来，"平成大合并" 也与前面所述的政策具有相同的政策意图。可以说，目前日本的广域圈政策整体进入了防御态势。

2. 广域圈的细分化和多层化发展

　　实际上每个时期的广域规划和广域圈政策都有不同的侧重点。

　　在 "区域活性化" 一词首次被提出的稳定发展期，广域规划和广域圈政策更侧重于确保各层面公共服务的同时，在同一圈域空间内实现区域活性化和区域经济的独立。这样一来，不仅能够在同一圈域内创造出相应的区域附加价值，并且人口数量也会有所增加，最终有望实现区域经济发展和景气回升。

　　然而近几年日本的广域政策越来越倾向于基础服务的分配问题。试图将基础服务扩散到更大范围内，对缺乏机动性的边缘地区最大限度地确保高效且公平的公共服务以及相关措施。另外，目前的广域规划和广域圈政策虽然还留有区域自

---

①平成：日本第 125 代天皇明仁的年号，使用时间从 1989 年 1 月 8 日起到 2019 年 4 月 30 日止。前一年号为昭和。平成大合并始于 1995 年，到了 2005—2006 年迎来了市町村合并的鼎盛期。——译者

主独立经营的考虑，但是试图通过区域经济活性化控制人口减少的构想不再是政策主要内容了。

综合上述动向，可以说广域规划和广域圈政策中关于公共服务供应、引导民营服务（购物等）的"服务供应圈"政策，以及关于通过区域自立来实现产业振兴和经济活性化的"经济圈"政策，与过去相比都变得更加细分化和多层化。通过提供各项公共服务和经济活动，公共服务圈和经济圈在一定程度上实现了多层化，并且这一现象越来越明显，而公共服务圈和经济圈之间出现的明显差异，使得无法在同一圈域空间内统筹实施相关政策，因此有必要对这两个圈域空间进行划分。

笔者认为这主要是由公共服务圈和经济圈在空间范围的扩大程度上存在差异所致。随着工业化和城市化发展以及机动车的普及，公共服务圈和经济圈的范围同时扩大，但是其扩大规模却存在差异。

3. 公共服务圈和经济圈

日本地方圈的公共服务圈基本上都在一个小时的车程范围以内。随着机动车的普及，公共服务圈范围主要以通过道路建设吞并周边市町村的形式扩大，到目前为止的基础建设使得几乎所有的区域都具备了一定程度的流动性。并且，地方圈大部分人的日常生活基本上都需要使用机动车，即便没有私家车也会利用通过机动车和道路提供的送货上门、"看护"出租车等服务。因此，食品和日用品在附近的商店街或超市购买，而家电等大型物品一般货比三家之后在大型商场购买的比较细分的过去的零售业服务方式，如今变成了由大型购物中心集中提供所有商品的一站式单一服务形式。且只要未来机动车速不发生变化，这一变化趋势会一直持续下去。如果这一趋势发生了变化，那么也可能是因为石油和汽油价格急剧上涨，或者为了防止全球变暖严格控制使用机动车而导致服务圈范围缩小。包括人们一天的时间安排在内的物理人性尺度能够对生活服务产生很大的影响，因此如果排除机动车普及因素，那么公共服务圈本身并没有很强的灵活性。

而另一方面，经济圈在全球化发展以及与其相反的自产自销现象等背景下，出现了无限扩大和多层化发展趋势。经济活动在追求效率和附加价值最大化的基础上存在无限发展可能性。与生活服务相同，在地方圈很多产业的物流需要货车和道路来支撑，而这本身并不能够创造出很大的附加价值。因此，部分产业和企业试图通过与中国的网络关系进口廉价产品来创造各自的附加价值。另外，同一区域内的不同产业和企业之间则在互信关系的基础上试图生产出安全、使人放心的产品销售到其他区域。而这里并不存在作为圈域的共同点。

特别是与服务圈相同规模的圈域空间，除了部分特殊情况，一般作为经济圈都没有太大的意义。前面所提到的定居自立圈构想能够对服务圈起到有效的政策导向作用，而对于经济圈其效果却非常有限。

不过，这并不意味着与经济圈相关的广域政策没有任何意义。以具备一定的人口和经济规模，从而能够为创造在激烈的全球竞争中立于不败之地所需的附加价值提供足够的高水平基础设施和优秀人才资源的区块（block）单位为基础的圈域空间变得越来越重要。另外，在特定产业集聚方面，由产业集群概念所代表的圈域空间政策反而变得更加重要。

随着围绕服务供应圈的"维持性广域政策"和作为产业振兴、经济景气等的"发展性广域政策"出现分化趋势，广域规划和广域圈相关措施今后也应该创建能够满足这种变化趋势的多层结构政策体系。不仅如此，"区域活性化"同样也应该设定具体的未来发展目标并采取能够有效实现其发展目标的政策手段。

下一节就从前面所述的服务供应圈论点出发，对"维持性广域政策"进行论述。关于经济方面政策请参考第 4 章的产业集群相关内容。

3.4 ┃ 作为维持生活环境手段的广域政策所应具备的内容

1. 关于服务圈的基本论点

社会公共服务可以分为很多种类型，而每一种服务类型都具有理论上的理想规模范围。随着服务规模的扩大，因产生规模利益（scale merit）而能够更加容易应对各项服务，但是另一方面也存在因缺乏灵活性和多样性而无法有效应对区域各种现状的弊端，因此服务规模并不是越大就越好。另外，同种服务之间根据服务等级的差别，其服务圈范围也有很大的差异。比如医疗领域，日常就诊医生和高水准先进医疗的理想圈范围就有很大的差异，而实际会根据医疗水平设定几个阶段的圈域范围。除此之外，服务圈的理想规模范围还根据地理条件、人口分布以及社会基础设施水平等存在很大的差异。

针对区域的不同性质和现状，公共服务在实际行政制度方面分为多个级别，而每一层公共服务都具有特定的服务空间范围。日本的行政体系由作为基层政府的市（区）町村和作为广域政府的都道府县，以及中央政府构成了 3 层结构，而每一层政府都由法律赋予了相应的行政服务权限。

因此，大部分情况下最具效率的行政服务圈域（包括人口、面积以及地理条件的空间范围）和实际行政范围大都会存在一定的差距。在这个差距过大或者是预测到差距会扩大的情况下，对于部分特定行政服务则会设定新的服务圈。

当处理行政业务的理想空间规模超过自身行政范围时，一般通过与相邻或周边地区联合组建部分行政事务公会①和广域联合组织，或者是以委托周边市町村的形式来共同处理相关业务。相反，对于理想规模范围小于自身行政范围的行政服务，可以将相关权限移交给规模较小的行政单位，或者将行政范围划分为若干个区域并设立新的圈域主体（区等），并由新的圈域政府各自承担部分行政业务。对于政令市等行政区赋予一定的自治权限或者是合并市的区域自治组织等都属于这一类型。

相比于单纯地划分行政服务业务之后再考虑每项业务的理想规模范围，从一开始就摸索并设定适合每项业务的理想圈域主体更能够提高行政服务效率。只要灵活运用业务委托、部分行政事务公会、广域联合组织、区域自治区等制度，就可以建立符合每个行政服务的理想规模圈域主体。关于内容和等级各不相同的行

①部分行政事务公会：为了共同处理行政服务事务，由多个普通地方公共团体或特别区政府联合建立的合作组织。——译者

政业务是由中央政府和地方政府独自或联合进行还是将圈域划分，只要合理选择方式就能够实现高效且理想的行政服务（表8）。

表8 地方自治法规定的主要广域合作和狭域自治制度

类别	行政组织名称	地方自治法的主要相关条款	是否需要设立法人	概要	与广域政策的关联（笔者评）
由多个地方政府联合组成的广域合作制度	（地方自治法上的）协议会	第252条2—6项	不需要	为地方政府之间共同管理执行行政业务，协调联系，为制定规划而设立的制度	会议主要针对广域行政圈规划等与多个地方政府有关联的规划和方针进行调整。协议会本身不具有职员和财产，在独立行使广域项目上存在一定的困难，主要负责与相邻地方政府之间的广域协调工作
	委托行政事务	第252条14—16项	不需要	将地方政府部分行政事务的管理、执行等工作委托给其他地方政府办理的制度	活跃于公平委员会、签发住民票[1]等规模利益较大的业务，或者是小规模政府将相关事务委托较大的相邻政府来处理等情况
	部分行政事务公会	第284—291条	需要	地方政府为共同处理部分行政事务而设立的特别地方公共团体	多用于在广域范围内共同处理以供应、处理服务（垃圾处理，粪便处理，消防）为首的各项行政事务
	混合型（部分）行政事务公会	第285条等	需要	部分行政事务公会中，多个行政事务由政府之间的不同公会来分别承担的特别地方公共团体	为统一各个行政事务中混乱的部分行政事务公会而设立。与广域市町村政策有着很深的关联，并且作为各项区域开发政策的具体实施组织起着重要作用，特别承担地方圈的广域政策工作
	广域联合组织	第291条2—13项	需要	地方政府为处理认为适合在广域范围内处理的行政事务而设立的特别地方公共团体	作为解决广域行政需求，承接国家和都道府县实施的地方分权和广域自治政策的组织而设立。与制度的初衷相反，实际上在大部分地区扮演与混合行政事务公会相似的角色
单一地方政府的狭域自治制度	区域自治区	第202条4—9项	不需要	通过条例在市町村设立自治区，由区域协议会以及其秘书处负责反馈地区居民意见，同时分担市町村行政事务的制度	主要负责在基本构想等市町村综合性规划相关工作中听取并汇总地区意见的工作。部分地区还实施了补助金相关措施。另外也有类似制度只适用于合并市町村

（笔者根据总务省主页内容制定）

---

①住民票：当代日本户籍分为"本籍地"和"住民票"两个部分。"本籍地"相当于我们认为的籍贯，但是这个籍贯可以根据个人的需要自由更改。而"住民票"上显示公民现居住地址。——译者

另一方面，也有很多反对意见指出上述构想脱离现实，对构想本身进行了否定。这些批判意见主张姑且不论行政单位规模，但是通过地方政府之间的合作或分割来确定多个圈域主体并不合理。其主要理由如下。

首先，对将地方政府视为居民自治主体而不是提供服务的主体的观点，从与服务效率以外不同的角度提出了异议。比如村上（村上，2002）指出，"相比于行政事务管理的民主化改革，更重视其效率和合理性的行政事务共同处理方式违背了'地方政府最基本的宗旨'，呈现出'病态'的一面。"也就是说，应该由居民亲自发表意见并根据居民的具体意向，建立能够使居民具有充分控制能力的体制，而对于阻碍因素及时进行制约。这些观点不仅对行政服务的广域化措施在决策上脱离居民意见进行了批判，还对部分行政事务公会和广域联合组织等居民只能够间接参与其决策过程也提出了反对。

另外，对于实际行政业务处理也指出了很多问题。比如，多个圈域空间交错会导致实际行政业务处理遇到障碍或各项业务之间的衔接和协调出现问题，又或者在合作过程中因各个圈域行政组织之间制度政策的运用方式不同，而导致相互协调过程中花费不必要的精力和时间。而同时涉及这两方面的问题因决策主体（广域联合组织议员等）之间复杂的协调问题则会直接导致决策困难。关于这个问题，在学术会议等的研究报告和论文中并不常见，但是实际在每一次对部分行政事务公会等的听证会（调研）上几乎都会被提出。而调研过程中被提及的大多是关于地方政府之间的费用协调和从各个地方政府临时调出来的职员之间的工资协调等涉及行政技术方面的问题，而这些问题从广域政策的观点来看并不属于本质性问题。但是也不能否认，正是这些个别的具体问题累积起来，最终会成为多个地方政府之间从下而上共同合作的阻碍因素。

正是基于上述理由，部分研究学者拒绝将行政服务分割来单独考虑，而是在综合考虑行政服务的基础上对其高效且理想的城市规模进行了探索（代表性的研究有吉村，1999）。然而这些并不是涉及包括经济圈在内的圈域空间本身的研究，而是从行政服务效率的观点考虑理想空间规模，而这些研究认为最理想的城市人口规模应该在30万左右。

2. 人口减少导致的水平型合作困难

　　行政具有两个相反的功能。其中，根据负责保持共同社会和同一性（identity）的自治功能，行政范围越小就越接近居民层面，能够直接有效地反映居民提出的意见。相反，提供实际行政服务的供应功能只要选择合适的服务（供应）手段，其规模范围越大，规模利益（scale merit）也就越大，服务效率也会随着提高。从维持的观点来看，近几年的市町村合并以及定居自立圈构想都偏向后者，即更加重视行政服务的供应功能，制度的重点在于将各项服务功能集中到大于单个市町村范围的空间来提高服务效率。这些制度虽然遭到了部分自治功能优先观点的批判，但是从目前或者未来可预测的服务供应观点来看可以说在一定程度上达到了提高服务效率的效果。

　　然而，上面所提到的通过以规模经济为目标的广域化发展提高服务供应效率，只有在服务手段和服务情况不变的情况下才有可能实现。而这对于今后人口减少的社会来说是需要认真考虑的重要问题之一。

　　比如，污水处理一般按照城市密度由低到高，以净化槽、简易下水道、公共下水道的顺序配置。假设人口增加，那么就可以从个别设置灵活但整体效率较差的净化槽，到能够集中高效处理的公共下水道，任意选择合适的污水处理设施，如果有必要通过规模经济来提高污水处理效率，那么地方政府之间也会自然地形成广域合作关系。正因为这个理由，由建立于战前并在战后与广域市町村圈政策等一起发展的部分行政事务公会制度促成的广域合作也主要涉及供应和处理方面的业务。制定于快速发展期而后随着定居自立圈构想的出台被废止的广域市町村圈政策，覆盖大都市圈以外几乎所有地区的圈域空间。由总务省和县政府等以自上而下的方式确定，但是在圈域范围内的合作方式却由各个市町村政府自由选择并自主建立合作关系。与广域市町村圈政策同时出台的混合型（部分）行政事务公会制度则没有固定的合作内容，每一个公会市町村成员可以自由选择合作内容和联合方式（图18）。每一个市町村在成为公会成员的同时，对于服务项目可以选择是与其他市町村联合共同处理还是单独进行处理（表9）。

　　然而，在人口减少趋势下，多个市町村联合共同处理的前提条件下处理量也

图18 混合型（部分）行政事务公会分担供应处理设施实例（根据仙南地区广域行政事务公会《仙南广域指南2009》制定）

表9 部分行政事务公会的行政事务内容（事务处理团体数量多的行政事务）

行政事务内容（事务处理团体数量多的事务）	设置数量（个）	事务处理团体数量（个）
退休补贴	48	2423
工伤	43	2215
会馆、共同财产等的维持和管理	87	1425
垃圾处理	422	1407
粪便处理	386	1281
消防	297	1077
急救	295	1040
消防灾害赔偿	47	1037
交通灾害救助	40	808
广域行政圈规划及乡市町村圈规划相关事务	158	794
总计（包括其他事务的累计）	3706	23296

［笔者根据总务省《地方公共团体共同处理行政事务的现状调查（2008-07-01）》制定］

会随着减少，这时规模经济效率会起反作用，这样一来固定处理费用反而会成为巨大的负担。比如污水处理，很多地区一直以来的人口规模适合配置公共下水道，并已制定具体建设规划，然而随着人口减少简易下水道甚至是净化槽就足以满足需求。在这种情况下，前面所述的"根据规模经济效应原理，供应功能规模越大其效率就越高"的假设就不成立。相反的，这一现象恰恰说明了相比于市町村政府之间不建立合作关系，各自制定相应的政策反而会提高能够提高服务效率。

这样一来，在人口减少趋势下就很难形成规模经济带来的双赢关系，各个市町村政府之间的水平型协调也变得更加困难。对于未来人口减少而居住区反而扩散的地区，不仅是现在，未来也很难实现规模经济发展，或许还会停止对低效率边缘地区的服务。如果发生这种情况，政府之间的合作对于边缘地区来说是无用武之地的负担。

在人口减少形势下，与规模经济、规模利益并没有太大关系的服务领域建立水平型合作关系也变得越来越困难，比如，随着经济活动缩小最终会带来互相争夺的局面，那么影响经济活动的环境相关规定和环境税等制度也很难通过水平型协调来解决。也有报告指出，在城市中心区活性化过程中，小规模地方政府在郊区建设大型店铺也会对周边市町村的商圈产生很大的影响，然而这样的相邻政府之间的协调将变得越来越困难。

3. 地方分权下"自上而下"广域调整的必要性

根据以上内容，可以将区域活性化过程中关于广域规划的论点整理如下。

在人口减少和经济紧缩形势下，区域活性化的概念也发生了变化。到目前为止，区域活性化一直以人口增长、经济发展、就业机会增加等肯定性内容为核心目标，但是今后这些目标内容的比重整体上会大幅度减小。区域活性化政策方面也在结合现状的基础上，通过加强公共服务来实现稳定生活等，开始采取以可持续性发展为中心的、比较冷静的活性化措施。不只是广域规划，作为区域政策的基本观点似乎也有必要参考这一点。

在与广域规划的关系中，与广域圈政策一直以来试图建立服务圈和经济圈为一体的自立型都市圈的目标不同，服务圈和经济圈实际上出现了严重的分化现象，因此有必要对于广域规划是否应该同时照顾这两方面内容进行慎重的考虑。这与前面所提到的区域活性化概念的变化有着密切的关联，而在地方圈像上下班、上学等一般的都市圈空间在人口上并没有增长、回升的征兆，因此对于这些区域空间反而有必要将广域规划视为确保和维持一定程度的生活水平和环境的手段来进行协调。

前面已通过若干实例来对经济发展停滞并人口减少区域的广域合作，特别是水平型合作的难度变得越来越大进行了论述。比如，平成大合并过程中具有雄厚财政实力的市町村对于合并表现出消极的态度，现阶段进行中的定居自立圈构想也从条件状况较好的市町村之间首先达成协议，被称为"胜者协议"的这些现象都很好地说明了上述问题。

笔者认为，今后还应该从整体上进一步推进地方分权。不过，考虑广域政策的现状，应该保留部分自上而下的垂直型调控手段，使中央和各个都道府县政府以及有可能新成立的道州政府等广域政府，能够起到促进条件不同的市町村之间建立合作关系的作用。然而另一方面，过度分权会使市町村的优胜劣汰现象变得更加明显，这不仅会破坏都市圈的整体性，还会导致出现其他国家已经经历过的隔离（segregation，区域阶层分割和差距扩大）现象。其实这一现象的征兆在日本已经开始出现了。

本章参考文献

[1] 大杉覚 . 定住自立圏構想は地域を救うか [J]. 地方自治職員研修 41（10），2008.

[2] 大森彌 . 変転する地方自治の制度と運用 [J]. 都市問題研究，2009（700）.

[3] 遠藤文夫 . 広域市町村圏と複合事務組合 [J]. 都市問題，1990（81-4）.

[4] 佐藤竺 . 広域行政の理論と実際 [J]. 都市問題，1990（81-4）.

[5] 佐藤克廣 . 都道府県・広域連合・市町村―公共サービス供給の視点から [J]. 地方自治
    職員研修，2008（臨時増刊 88）.

[6] 佐藤俊一 . 日本広域行政の研究―理論歴史実態― [M]. 成文堂，2006.

[7] 椎川忍 . 定住自立圏構想の全国展開に当たって [J]. 市政，2009（58）.

[8] 妹尾克敏 . 現代地方自治の軌跡 [M]. 松山大学研究業書，2004.

[9] 総合研究開発機構 . 大分県の「一村一品運動」と地域産業政策 [M].1983.

[10] 辻琢也 . 事務の共同処理に関する現況課題とこれからの広域行政 [J]. 市政，2009（58）.

[11] 村上博 . 広域連携と地域間連携 . 室井力編現代自治体再編論 [M]. 日本評論社，2002.

[12] 山谷成夫 . 広域行政圏政策の成果と課題 [J]. 地域開発，2001（443）.

[13] 吉村弘 . 最適都市規模と市町村合併 [M]. 東洋経済新報社，1999.

[14] 牛山久仁彦 . ポスト市町村合併と自治体の広域連携 [J]. ガバナンス，2009（95）.

第 4 章
基于广域区域产业振兴规划的区域活性化战略

松原宏

4.1 ‖ 区域的自立、竞争力和区域产业政策

近几年关于区域经济的自立和活性化的话题经常被人们提及。甚至到了可以称为"区域主体化"的程度，区域也常常被人们当作有生命的物体来对待。但是，区域真的能够成为主体吗？

如果从一开始不把区域当作给定条件，而是从将"区域经济"视为通过经济现象的区域循环多重构建而成的观点（松原，2006）来看，那么首先应该考虑的问题便是活性化区域的空间规模。话虽如此，在没有反对意见的情况下，下面就将以上下班圈为基准的"城市雇用圈"（金本、德冈，2002）等，与产业活动和居民生活有直接关联的基础生活圈作为区域的活性化空间来看待。

进一步对区域经济的实情进行分析，可以发现一个区域由生活在区域内的居民、负责区域行政和相关财政服务的地方政府、总公司设在区域内的当地企业，以及分工厂设立在区域内的首都大型企业等多个主体构成，而这些主体的观点和行为并不一定是统一的。关注这些主体之间的实际关系，加上区域相关制度和文化等因素，所谓"作为一个系统的区域"，是指区域不只是一个空间概念，还包括产业、文化之类的内容，区域主体也不是只有政府，所以应该把区域看作一个系统统筹考虑其发展问题。

笔者过去在参考美国经济地理学家玛库森（Markusen，1996）的产业区类

型的基础上，提出了马歇尔产业区（大田区、东大阪等大都市型产业集聚区，浜松、诹访和冈谷等地方城市型产业集聚区，以及鲭江、有田等当地产业区），辐射型区域（丰田、日立等企业城下町①），卫星产业区（北上、国分等技术城市）的概念，对"企业与区域"的关系进行了整理（松原，2007），这也算是一种尝试吧。

实际上区域各主体当中，地区中小企业和地区居民之间相对来说比较容易建立相互关系，过去人们也经常强调以这样的中小企业发展和稳定的居民生活作为目标的区域产业政策的重要性（长谷川，1998；河藤，2008；植田、立见，2009）。过去被认为与区域经济没有深厚关系的跨国际企业近年来也开始推出以地区冠名的产品品牌等，更多的企业开始在战略上重视区域因素。虽然消费者对工厂所在地区的印象、对工业产品的信赖和定价后方面的贡献度还有待验证，但是到了可以称为"主体的区域化"的程度，可以说企业竞争力和区域竞争力的一体化动向值得我们关注。比起单纯的成本竞争，企业的竞争优势反而更加依赖于产品质量和生产能力，那么就会要求工作人员也要具备一定的业务素质，这样一来，不仅是在职场内，家庭和地区内的稳定而舒适的生活也将成为不可忽视的重要因素。

意大利学者Camagni（Camagni，1991）也通过"地区环境（local milieu）"的讨论深切关注区域环境对其区域内企业的意义。应该称之为"区域社会风貌"的这个因素被认为具有降低企业活动中各种不确定因素并促进企业创新的作用。作为企业竞争力源泉，通常首先被提及的是企划和开发能力以及技术水平等企业内部资源，但是建立企业和区域之间新的关系也可以成为企业竞争力的重要源泉。

除了"竞争力"，"创新"在近几年也成为区域经济讨论的关键词。构建能够创造新产业的区域创新体系对于区域经济发展来说是一个很有魅力的目标任务，但是如何在区域这个框架内创建创新体系等，需要探讨思考的问题并不少。

总之，不应该只重视中小企业，应该将大企业和跨国际企业也作为重要的区

---

①城下町：是日本以城郭为中心所建立的城市。在江户时代的领主居所的周边所形成的聚落。现代的县（省）会城市大部分由以前的城下町发展而成。——译者

域主体来看待，打造以区域竞争力和创新目标的区域产业政策。

在这样一个与区域经济相关的背景下，本章对产业布局政策和企业布局的变化过程进行整理，在这基础上以区域产业政策的新发展为中心，探讨以区域活性化为核心目标的产业振兴战略、产业集群规划、招商新战略及农工商联合、区域创新都属于产业振兴战略。

4.2 | 产业布局政策的变化和企业布局动向

1. 产业布局政策的转变

回顾日本产业布局政策的变化过程，可以发现存在若干个转折点（图19）。战后快速发展期主要通过以新产业城市和工业特区为代表的站点开发方式促进了工业点的开发，而经历石油危机之后的20世纪80年代则根据科技兴国战略开始了科技城市中心、研发园区、软件园区、办公园区（office arcadia）等产业基础建设，并将高科技工业、软件、办公功能等产业和各项功能分散到地方城市中去。1985年日元升值以后，为了解决产业空洞化问题，特别是现有产业集聚区的基础性技术的空洞化现象，开展了针对"特定产业集聚区"的政策。

图19　产业布局政策的发展过程（笔者根据经济产业省资料制定）

　　进入 21 世纪之后，在全球化发展、人口减少、财政危机等经济社会的重大变化下，产业布局政策便迎来了转机。2001 年和 2002 年分别废止了新产业都市建设促进法、工业整备特区整备促进法和工业等限制法，之后的 2005 年又将中小企业新项目活动促进法与过去包括技术城市法和《头脑立地法》在内的新项目创促进法合并为一。随着 2006 年废止工业再布局促进法，政府的政策重点也从大城市的工业分散转移到了区域经济的自立和具有国际竞争力的新产业的创造以及产业集聚上。目前，构成日本经济产业省产业布局政策核心内容的是从 2001 年开始实施的"产业集群规划"，随着"区域产业集聚活性化法"在 2007 年废止而出台的"企业布局促进法"。

　　其中，"产业集群规划"是指"由区域的中小骨干企业和新兴企业等利用大学和研究机关的前瞻技术研发（seeds），实现 IT、生物、纳米、环境、制造等领域的产业集聚（产业集群），并提高国家竞争力"，规划的核心内容为"创造能够不断创新的区域环境"。

　　产业集群规划与过去产业布局政策的差异首先体现在政策主体和对象区域的规模上。过去的产业布局政策以都道府县为主导，而产业集群规划变成了由全国 9 个地区的经济产业局担任各自的政策主体角色，政策对象区域也变成了各个地方区块圈域。产业集群规划并没有采取立法手段，而是以由各地区的经济产业局有效利用区域特性和一直以来的积累，为进一步促进产业集群发展，开展各项活动为主。因此，产业集群规划的实施过程中并没有出现像过去产业布局政策一样，各都道府县围绕站点建设地区的指定和招揽企业以及引进设施而相互竞争的现象，但是也没有制定关于如何在各地方区块中打造产业集群具体区域规划。

　　另一个不同点是关于支援手段的各项内容。过去的产业布局政策在确定对象区域后，将重点放在了用地开发，以及建筑物、道路、港湾等基础设施建设等硬件设施的开发上。而产业集群规划将重点转移到了人和软件等方面的支援上。具体内容有，利用区域特性进行技术研发，积极培养创业人士，建立产官学网络等。各地区经济产业局则开展了各式各样的研讨会、交流会、整合等研究交流活动，并且对新产品的共同开发提供研发费用的支援。

需要指出的是，产业集群规划对产业布局政策本身的转变起到了促进作用。产业布局政策一直以来都将控制现有产业集聚，并通过分散政策来促进地方经济的发展作为基本方针。而新的产业集群规划则致力于在全球化竞争中挖掘和培育具有国际竞争力的新产业。但是，产业集群规划只把重点放在了产业培育上，而对于产业布局并没有引起重视。实际上，生物、制造等产业是由多个经济产业局进行规划，而不是通过 9 个地区经济产业局之间的调整来实现的。

但是，在没有与区域密切联系的基础上，也能够培育出新产业吗？回顾区域政策相关的国内外研究成果，可以发现区域产业政策的重心从产业转移到了区域，并且能够看出将产业集聚和城市集聚等区域竞争力视为国际竞争力源泉的趋势（松原，2002）。地点和区域对于人才集聚来说具有不小的意义，而对于知识密集型新产业的发展来说最重要的因素便是区域经济社会的状态。如果不局限于产官学网络关系，而是要打造作为与硬软件两方面的基础设施投资联动的地理单位的产业集群，那么就有必要对包括都道府县和市町村之间的协调，产业、企业、设施等的合理选址和布局等进行说明。

"企业布局促进法"则把重点放在了打造并发展富有个性的产业集聚，企业快速建设以及基于广域合作的站点开发等方面。与把创造新产业和新项目作为核心目标的产业集群规划不同，"企业布局促进法"的重心在现有产业集聚的提升上。并且在新的计划中，除了总体规划的编制和设立区域产业活性化协议会以外，还创建了以地方区块为单位的相关省联系会。

根据"企业布局促进法"同意制定总体规划的地区以覆盖整个日本的势头迅速扩散，截至 2009 年 6 月 17 日，日本全国总体规划编制数量已达到了 160 个地区（企业建设目标 10 458 个，雇用 375 328 人）。从中可以看出在地方分权下中央和地方政府之间形成的一种新的关系。换句话说，企业布局促进法免去了像新产业城市和技术城市等选定目标区域的过程，只要具备必要条件，任何地区都可以制定总体规划。

实际确定下来的规划空间范围中，整个县作为一个规划区（神奈川、山梨、富山、石川、鸟取、岛根、冈山、广岛、山口、德岛、香川、高知、福冈、大分、宫崎）和县内划分（青森、岩手、秋田、宫城、福岛、茨城、长野、岐阜、爱知、三重、福井、爱媛、佐贺、长崎、鹿儿岛等）这两种情况占多数，依然存在很强的县主导倾向。除此之外，还有像栃木县日光市，京都府的京丹后市，大阪府的吹田市、茨木市、堺市、高石市等，只有府县内的部分地区制定规划的情况。如果要提高产业集聚区的国际竞争力，就有必要推动跨县广域合作，但是实际上这样的案例只有以纤维产业为核心的北陆三县地区。

再来看看作为规划对象的行业，从食品、纤维、汽车等产业，到光电子、环境能源、机器人、生物科学、医疗等相关产业，再到超精密制造产业、精密零件产业、健康科学产业等，涉及的内容非常广泛。但是像汽车相关产业和能源、生物等产业，很多地区都作为重点产业来发展，违背了"充分发挥区域特性，打造富有个性的产业集聚"的宗旨，最终导致出现产业重复发展的情况。另外，关于制度活用情况、建立体制、目标值等，虽然很多地区充分利用人才培养等支援项目，但是关于其他项目、体制、目标值等，有些地区设定得过大，而有些地区过小，不同地区之间存在很大的差异。目标值的设定总体来说偏大，而伴随着 2008 年秋全球金融危机的爆发，就业问题越来越严重，导致现实与规划之间的差距也越来越大。

2. 企业建设动向的变化过程

1）建厂动向调查结果分析

那么，在上述产业布局政策的导向下，实际上企业建设经历了怎样的一个变化过程呢？下面就根据"建厂动向调查结果"来看一下关于工厂建设的长期变化过程（图 20）。该调查报告显示，从第二次世界大战到目前为止，日本的工厂建设经历了 3 个发展期。第一个发展期为 20 世纪 70 年代前半期的经济快速发展期，第二个则是 20 世纪 80 年代后半期的泡沫经济期。而第三个发展期始于2002 年的经济恢复期。截至 1989 年，全日本新建工厂数量达到了 4157 个，而到了 2002 年其数量减少至 844 个。之后又转为增加趋势，到了 2006 年日本全国新建工厂数量恢复到了 1782 个。此外，2008 年美国引爆的国际金融危机导致新建工厂数量再次进入减少趋势。

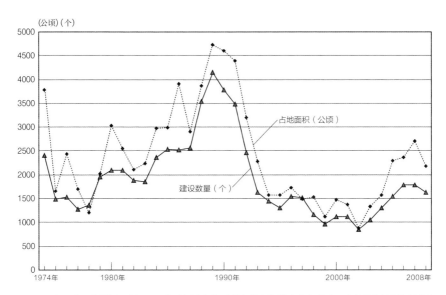

图 20　全国建厂数量以及建设面积随时间的变化（笔者根据经济产业省"建厂动向调查结果"制定）

　　下面对第三个新建工厂数量增加期的特征进行详细分析。过去五年（2002—2006 年）各地区的建厂数量显示，关东内陆地区以 1039 个（15.9%）占首位，其次为东海地区的 992 个（15.2%）和东北南部地区的 788 个（12.1%）。而这里值得关注的是，继这些地区之后，近畿临海地区和关东临海地区分别以 576 个（8.8%）和 562 个（8.6%）占第四和第五位（图 21）。

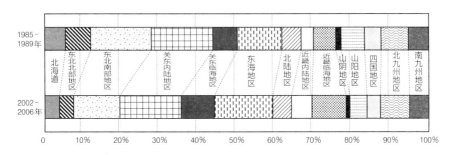

图 21　各地区建厂数量变化（笔者根据经济产业省"建厂动向调查结果"制定）

受"工厂等限制法"（1959—2002 年）的限制，关东临海地区和近畿临海地区一直以来都扮演着接受从其他地区转移、分散来的工厂的角色。然而，现在这两个地区作为新的建厂区重新得到了评价。与新建工厂数量大幅度增加的泡沫经济期（1985—1989 年）相比，这一趋势就更加明显。也就是说，与 20 世纪 80 年代后半期相比，在最近五年（2005—2010 年），东海、关东临海、近畿内陆等地区新建工厂数量的占比明显增加，相反东北南部地区，东北北部地区以及山阳地区等的占比明显减少。把工厂分散到地方城市的时代迎来了终结，新建工厂开始越来越集中于从包括关东北部在内的东京圈到静冈、爱知、大阪、兵库的大都市圈。

那么，为什么会集中在大都市圈呢？《通商白皮书（2006 年）》根据对企业的问卷调查对"各个区域的主要建厂原因"进行了分析，对日本新建工厂集中于大都市圈的现象指出，"通过高素质技术人员和技术继承等区别于其他区域的特有因素吸引企业建厂""伴随着产品高附加价值的实现，对于要求高技术标准的行业生产功能以及有必要缩短从研发到生产的前置时间（lead time）而投放市场的产品，今后也继续将研发功能和生产功能集中在日本国内"（《经济产业省》，2006 年，第 104 页）。虽然这些观点都具有很强的说服力，但是选择大都市圈的决定因素中既有市场邻近性，也有与从 20 世纪 90 年代开始的企业重组相联动的建设布局重组等因素，对此有必要做进一步严密的分析。因为，由于高地价和人员雇用困难等原因，在大都市圈新建工厂并不是简单的事情，很多应该是改造现有工厂而成的。

另外，对过去五年（2002—2006 年）各行业的新建工厂数量变化进行与按地区区分同样的分析，可以发现普通机械以 944 个（14.5%）占最高比重，而食品行业和金属制品分别以 905 个（13.9%）和 713 个（10.9%）占第二和第三位（图 22）。将这一时期的新建工厂数量与泡沫经济时期（1985—1989 年）进行比较，可以看出运输用机械和食品行业、普通机械的占比呈增长趋势，而衣物、电气机械的占比呈下降趋势。20 世纪 70 年代和 20 世纪 80 年代的工业分散主要由衣物和电气机械行业主导，而 2002 年到 2006 年则由以汽车行业为中心的运输用机械代替。作为"第三汽车产业集聚区"而备受瞩目的北九州地区的新建工厂数量在地方圈例外地呈增加趋势，可以说是最好的证据。可是，2008年秋，全球经济危机的爆发给这些主要依赖输出而发展的汽车产业带来了沉重打击，在缺乏引领工厂建设主轴的情况下，企业的工厂建设陷入低迷状态。

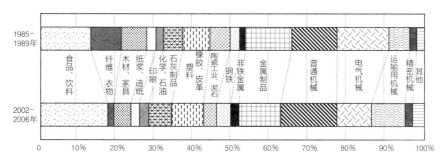

图22　各行业建厂数量变化（笔者根据经济产业省"建厂动向调查结果"制定）

2）亚洲地区的国际分工发展和企业建设

《通商白皮书（2006）》对亚洲地区的国际项目网络关系进行了分析和总结。该报告指出，近几年"国内外站点之间的分工合作关系从'项目工程分别在日本和国外分工进行'的垂直操作转变为'在不瓜分项目工程的情况下，在日本和国外分别进行统一生产'的水平操作"（《经济产业省》，2006，第86页）。另外，《制造业白皮书（2006）》中指出，"在东亚地区，产业内贸易不仅通过根据品质差异垂直区别的产业内财富交易得以实现，还可以以跨国垂直分散的生产工程之间的双向交易扩大的形式快速发展。从这样的分析结果也能看出东亚地区的生产网络发达，功能分工不断发展的事实"（《经济产业省》等，2006，第36页）。比如，在同一电气机械产业内部，从由日本负责高质量产品的加工制造，而中、低质量产品则在其他亚洲国家生产的单纯分工形态转变为同种零件由日本和东盟国家之间进行交易，最后在中国组装完成的更加复杂的分工形态。在研究企业的发展布局动向上不可缺少的观点是，企业的发展不应该只局限于日本国内，而应该在更加广阔范围的亚洲经济圈中摸索日本国内的立足之处。

随着全球化发展时代的到来，将企业选址分为日本国内和其他亚洲国家的企业逐渐增加。并且在日本国内为了追求高技术水平，很多企业选择在大都市圈以及其周边地区发展。但是，根据行业和产品内容的不同，又或者是同一行业中随着不同企业以及负责工程内容的不同，企业选址也会出现差异。可以肯定的是，不仅是成本问题，还包括品质、生产能力、与研发功能的接近度等问题，企业选址需要考虑的因素变得越来越复杂。

4.3 ┃ 区域产业政策的发展

1. 区域产业政策的定义和分类

有必要将以上企业布局政策的发展和企业布局动向作为依据建立区域产业政策体系，在那之前首先来看一下区域产业政策的定义和分类。

清成（1986）将区域产业政策视为"区域层面的产业政策"，并主张"政策主体可以是中央政府，也可以是地方政府"。前者主要"对地区之间的资源配置进行宏观调控，对特定区域实施基础设施的集中建设"，而后者主要涉及"区域内产业之间的资源配置和特定产业的基础设施建设"。

同时，关于区域产业政策的目的，他提出了"区域产业振兴""实现理想的区域产业结构""培育特定产业""选择性产业化"等几点，并将产业政策分为两种类型。一种为"产业基础设施相关政策"，其中基础设施分为"物质基础设施"和"制度基础设施"或"个人基础设施"。另一种则是"关于产业之间资源调配的政策"，主要政策手段有"补助金和税收方面的优待措施""优先提供人才资源"等。

另外清成还提出了两种区域振兴手段，其一是通过国家财政和吸引工厂等实现"依赖于外部因素的区域振兴"，另一种便是通过当地产业振兴实现的"内发性区域振兴"。下面就以政策发展的新动向为主，对这两种手段进行具体的分析。

2. 招商新战略

一直以来日本的区域产业政策都以招商建厂为核心。虽然在时期和行业上有所差异，但是大部分地方政府都通过新建工业园区，制定招商建厂相关条例，实施补助金等政策吸引大都市圈的工厂迁移到地方城市，以此来促进地方工业化发展。迁移的工厂基本以生产功能为主，而涉及公司总体决策的总公司和研发站点大多数情况下都留在东京、大阪等大都市圈。并且，迁移到地方的工厂与相邻的分厂之间并没有相互联系。这样的地方工业化被称为"分厂经济"，景气的时候，能够为地方经济带来就业机会和经济发展，而一旦陷入萧条，也会导致裁员、工厂关闭的结果。还有一部分人指出远程决策功能也容易带来工厂关闭的后果。

进入 20 世纪 90 年代之后，随着日元升值和泡沫经济的崩溃，经济受双重影响陷入低迷，日本国内生产功能的海外转移以及"产业空洞化"现象日趋严重。滨田（2009）利用新闻报道数据库，对日本全国工厂关闭情况进行了分析，发现工厂关闭数量最多的是 20 世纪 90 年代后半期，并且，与现有工厂合并而关闭的企业工厂逐渐增加。而在 2002 年开始的经济恢复期，随着数码家电相关大型工厂的大量投资建设，同时在大力宣传"工厂回归国内"的情况下，地方政府之间的招商竞争一度成了话题。然而，这一动向伴随着 2008 年秋全球性经济危机的爆发很快消失了踪影，取而代之的便是关于工厂大量关闭的报道。

这次工厂关闭现象的特征可以总结为如下 3 点。

①这次日本国内工厂关闭的主要原因与其说是生产管理功能的海外转移所致，倒不如说是国内工厂中选择性关闭，是全球化发展竞争下选择与集中的结果，即锁定于具有强大竞争力的项目或产品行业的同时，向具有强大生产能力的点汇集。

②行业分布较广，并没有集中在某个特定行业。特别是，除了电气机械以外，还涉及汽车产业。

③企业已无力避免关闭工厂的结果发生。建立分公司、子公司等企业细分化趋势使项目和产品的转型空间缩小，项目的撤销直接导致工厂关闭的情况较多。

在这样的国内工厂相继关闭的情况下，政府也逐渐对招商战略进行了改革。改革内容之一是从数量到质量的转变。各地区的招商竞争从重视引进工厂的数量转变为更加重视工厂的实质内容、建厂条件、就业吸收能力、对环境的影响等，逐渐倾向于在考虑这些行业特性的基础上选择招商建厂。事实上很难预测哪一行

业的工厂不容易倒闭。不过，可以确定的一点是深入区域产业集聚的工厂不容易
倒闭。因此，抓住区域产业集聚特点，并确定引进工厂在其中的地位变得非常重要。

　　另外，考虑工厂倒闭风险，将进驻企业的行业种类扩大到多个领域也是一个
有效的战略。根据前面所述的企业布局动向，可以说到目前为止的"制作型"产
业发展已达到了极限，取而代之的便是近年来备受瞩目的生物、纳米科技、信息
等"科技型"产业。这就需要掌握与制作型产业不同的相关知识，也就有必要对
大学和实验研究机关在吸引工厂方面起到的作用引起重视。

　　总之，都道府县层面都已制定工业振兴规划，然而市町村层面却有很多地区
还没有明确的规划。重要的是，应该在正确分析区域经济现状的同时，在对区域
产业结构的调整、重点强化和提升的行业对象，以及区域产业政策的方向和未来
进行充分规划和分析的基础上促进招商建厂。

　　另外还应该充分利用现有工厂。很多企业在企业扩建用地不足的情况下，首
先会在邻近寻找发展用地。对于这样的需求应该迅速采取相应措施，除此之外，
现有工厂扮演中介角色成功吸引企业建厂的事例也不在少数。然而，虽说是"分
厂经济"，随着时间的流逝，工厂也不仅仅局限于生产功能，随着开发和设计、
试制等功能的增加，逐渐扮演起支援海外工厂的"总厂"角色。对于地方政府的
相关负责人来说，招商建厂并不表示结束，应该定期访问这些工厂并在询问具体
要求的过程中掌握工厂的变化。另外，政府不应该只依靠企业，应该主动出面协
调企业之间的关系，培育开发、设计人员，积极促进 "分厂经济的发展"。

3. 内发性发展和农工商联合

　　以内发性发展为主的区域产业政策涉及大分县平松守彦知事提倡的一村一品
运动，区域产业复兴以及振兴当地产业等多方面内容。关于内发性发展，佐佐木
（1990）提出了如下几点：①内发性发展并不是大型企业和中央政府主导的开发
项目，而是以区域的技术、产业、文化等为基础，重视区域内部市场的发展，通
过区域居民的学习、规划以及经营而实现的。②以环境保护作为前提考虑开发，
重视自然保护和建设优美街区的宜居性，通过提高福利和文化水平来丰富居民生

活作为其综合目标。③在区域内建立多样化产业相关结构，实现将附加价值归属于当地的区域经济。④通过制度规定居民必须参与其中，实现地方政府能够根据居民需求，以及站在公共立场上控制资本和土地所有的强有力的自治权。

然而，区域产业的现状并不乐观，有些在与海外进口廉价产品的竞争过程中被淘汰，还有不少随着经营者的老龄化不得已停业的情况发生。在这样的背景下，近几年人们开始关注有效利用区域资源和农工商联合的区域发展模式。

随着"中小企业区域资源活用计划"的实施，经济产业省开始对有效利用区域资源的新项目提供强有力的支援，并提出从 2007 年到 2012 年的五年之间创出 1000 个新项目的目标。中小企业区域资源活用计划主要以产地技术型、农林水产型、观光型这 3 种模式进行，根据 2008 年中小企业厅的《中小企业区域资源活用计划实施报告》，日本 47 个都道府县中，包括农林水产品 3328 个、工业品 2421 个、观光资源 5173 个，总共有 10 922 个项目在基本构想中被特别指定为区域资源。其中，对具体项目规划审批通过的项目，开始实施商品制造和开拓销路等方面的支援活动。而省厅[①]之间的合作便以农工商联合方式进行。2008 年与"农工商等联合促进法"出台的同时，对"企业布局促进法"进行了修改，新增了农工商联合内容。

随着区域农林水产业和食品制造业、食品批发、零售业、餐饮业等相关产业的合作等区域一体化的农工商联合的发展，创造出以区域特有产品为主的新产品和服务，首次创出高附加价值项目，并且还有望促进就业增长。另外与餐饮业和旅馆业等联合，通过引进使用当地农林水产品的加工品和菜单来刺激观光者消费也是重要的农工商联合内容之一（经济产业省，2009）。

日本全国各地已有多数农工商等联合项目的规划被审批通过，每一项规划都由丰富的内容构成。但是，总体来看农林渔业和工业之间的合作较多，今后有必要将合作对象扩大到农工商，并扩大项目规模，提高对区域经济的影响力。

---

①省厅：如文部省等被称为"省"的机关和防卫厅、环境厅等被称为"厅"的机关的总称。
　——译者

4.4 ┃ 区域产业政策的新局面：区域创新

进入 20 世纪 80 年代之后，以日本半导体产业的飞跃发展为代表，日、美国际竞争力到了相当接近的程度。对此感到危机的美国政府相继出台了承认将利用政府资金获得的专利权等研发成果归属于从事研发的大学或研究人员的"专利和商标法修正案（Bayh Dole Act）"，规定联邦政府的外部研发费用必须投入到中小风险企业的"中小企业技术创新研究计划（SBIR）"等政策，试图通过科技政策手段来重新提升国家竞争力。

然而在政策改革方面落后于美国 10 年甚至 15 年的日本在 20 世纪 90 年代后半期才开始科技基本法的实施和科技总体规划的编制，以及设立将大学等机构的研究成果作为专利，将专利使用费返还大学等机构的技术许可组织（Technology Licensing Organization，简称 TLO）机关，并通过日本版的拜杜（Bayh Dole）条款等形式促进产官学合作。经济产业省从 2001 年开始实施了"产业集群规划"和"区域新生联合国际财团（consortium）"等政策，而在 2002 年由文部科学省推出了"知识集群创造计划"和城市区域创新（innovation）措施。另外，包括设立知识资产总部，从 2004 年开始推进国立大学法人化等，大学等机构也发生了很大变化。经济产业省在 2008 年总结了《区域创新研究会报告书》，在"区域合作创新计划"下开始了"区域合作创新共同体"建立项目。另一方面，文部科学省与经济产业省携手合作，从 2009 年开始促进"产官学合作站点"意见的采纳等，开展了以建立站点为中心的政策活动。

产业集群在提高区域经济的独立性和竞争力方面被重视的主要理由为，产业集群容易引发创新。当然，并不是只要有产业集群就会自动实现创新。并且，产业集聚区也分为若干类型，每个类型的创新知识库和知识流都有差异（松原，2007）。

图 23 总结了区域创新的政策性课题。这里将产业集聚区、广域经济圈、国民经济、全球性经济空间等 4 种空间规模多层列举，并将由产官学各个主体构成的区域创新体系分为"制造类"（制造技术、工程机械等）、"自然科学类"（生命科学、信息通信产业等）和"感性类"（内容产业、文化产业等）这三大类。

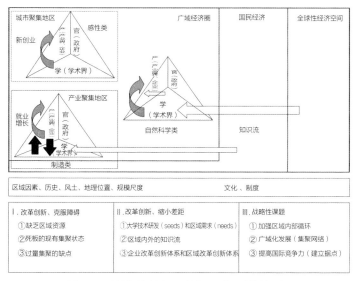

图23 区域创新的类型、区域主要因素和政策性课题

根据每个产业和领域的不同特性,产官学关系和知识流的空间关系也会出现差异,对区域经济也会产生不同的影响。从欧美对知识库的观点等来看,可以说"制造类""自然科学类"以及"感性类"分别与"统筹知识库""分析性知识库""象征性知识库"相对应(Gertler,2008)。与现有的知识应用相结合,与客户和供应商相互学习,依靠技术(know-how)和技能隐性知识的卓越发展等,"统筹知识库"主要与崭新的创新内容相关联,而"分析性知识库"主要包括创造新知识,与企业研发部门和实验研究机关共同进行开发,依靠专利和文件等形式知识的卓越发展等,更加偏向于革命性创新内容。与前两种相比,对于"象征性知识库"来说重要的是每一时期、每一地方所积累的经验,根据街头时装获取灵感并进行商品化便是其最好的例子。

另外,如图23中间区域所示,每个空间规模根据历史和地方风貌、文化和制度等区域因素,区域创新也呈现出丰富多彩的面貌。如果从整体考虑区域创新的问题点和主要任务,应该按照每个区域创新体系的地理位置和主体之间关系的特性看待各个创新障碍和差距,积极克服障碍并缩小差距(图23下方区域所示的3个不同性质的目标任务)。

在克服创新妨碍方面，大都市圈未必一定有利。巨大都市圈有时找不出可以实现创新的新结合对象，又或者不能够保障充分的接触频率和时间。相反，如果区域规模过小，就会产生人才紧缺等问题，另外在传统产业集聚区，被称为 lock in 的比较僵硬的组织关系和人际关系往往也会成为负面因素。

而创新差距主要包括，大学前瞻技术的研发（seeds）和当地企业需求之间的差距，另外区域外产学关系更强于区域内部的事例也不在少数。而且在开放式创新（open innovation）备受关注的情况下，虽然对区域创新体系加大支持力度，但是在日本，企业内创新体系依然占主导地位。

因此，加强区域内循环、通过集聚网络实现广域化发展，通过建立站点提高国际竞争力等可以说是今后要解决的战略性课题，另外系统地开展政策实施会变得越来越重要。

4.5 ‖ 广域区域产业振兴对策的目标任务

前面对日本区域产业政策新的发展进行了分析，可以说区域产业政策不仅仅包括由地方政府主导的政策。清成（1986）指出，中央政府的区域产业政策主要包括跨区域的资源宏观调配，偏向特定地区的基础设施投资等内容。同样，在对宏观经济的理解上重要的一点是，充分认识经济结构和产业结构本身具有区域性的事实。区域经济结构是基于区域自然、文化、社会等各项条件以及产业和企业布局、人口移动等因素，经过悠久的历史过程而形成的。而对这一问题进行综合考虑的便是区域分工体系，有必要在这样一个与宏观地理结构的关系中考虑区域差距并建立区域产业政策。

川岛在题为"区域之间的平等和均衡"的论文中，将均等的就业机会，区域之间均衡的经济发展、有效利用国土资源、区域消费平等作为重要项目来提及，指出了对产业结构的区域平均化与广域经济圈、上下班圈等多层功能的区域设定进行协调的必要性（川岛哲郎，1978）。

矢田将川岛的理论观点进一步发展，提出以广域经济圈为杠杆，对国土结构进行重组，最终实现平等的就业机会、教育机会、文化机会以及医疗福利机会（矢田俊文，1999）。重点强调了以下 3 点内容：第一，通过丰富多彩的产业集聚，打造出不轻易动摇于产业结构的转变以及经济波动的坚固的经济实力；第二，建立产官学一体的坚固知识链；第三，建立能够系统地提供高质量生活的生活功能关联，并通过枢纽城市和中核城市之间的合作，建立能够使广域居民有效利用多个城市功能的系统。最后还提议通过政策手段来建立"自律性经济圈"。

在产业布局政策和国土政策将地方区块圈域作为重要的政策空间而重视的过程中，这种以地方区块圈域为单位的机会均等理论逐渐提高了其自身存在意义。而在此基础上有必要深切关注区域这个对掌握区域差距问题来说重要的空间单位。当然，随着对象区域规模范围的不同，会发现新的问题和现象，同时也有一些问题反而会被隐藏起来。除此之外，还需要弄清并解决广域经济圈内的区域内部差距问题，全球化发展企业的内部空间分工，以及为产业集聚区带来创新的人、知识流、城市网络等网络性连锁在广域经济圈中的地位等问题。

另一方面，作为显示国际竞争力的地理单位，也有一些研究对全球城市区域（global city region）、巨型区域（mega-region）等广域经济圈的具体形态进行了讨论（Scott，2001）。在提高地方区块圈域的竞争力方面重要的是，首先建立"布局电位图（potential map）"，并在从广域视角确认具有竞争力和雇用能力的中核工厂的分布情况和历史形成的各种产业集聚区现状，以及地方枢纽城市、中核城市、区域中心城市等具有阶层关系的城市之间的排列和相互关系的基础上，重点建设具有国际竞争力的点，同时促进有效利用区域资源和与区域紧密相连的产业集聚区等。

最后，重新回顾一下文章开头所提到的"区域主体化"和"主体区域化"。在广域经济圈，积极推进分公司建设的大型企业，促进与地方区块圈域紧密相连的产品开发等现象看似是"主体区域化"在领先。那么在像东北、九州等广域区块圈域，不同的主体之间拥有同一性并有意识地追求区块圈域活性化的"区域主体化"是否有可能实现呢？这正是在广域区块圈域内如何构建区域产业政策相关主体之间关系的问题。

本章参考文献

[1] 植田浩史，立見淳哉 . 地域産業政策と自治体 [M]. 創風社，2009.

[2] 金本良嗣，徳岡一幸 . 日本の都市圏設定基準 [J]. 応用地域学研究，2002 （7）:1-15.

[3] 川島哲郎 . 地域間の平等と均衡について [J]. 経済学雑誌，1978 （79-1）:1-18.

[4] 河藤佳彦 . 地域産業政策の新展開 [M]. 文真堂，2008.

[5] 経済産業省 . 通商白書 2006[M].2006.

[6] 経済産業省ほか編 . ものづくり白書（2006 年版）[M].2006.

[7] 経済産業省 . 農商工連携研究会報告書 [R].2009.

[8] 佐々木雅幸 . 地域問題と地域政策 [M]. 宮本憲一ほか編『地域経済学』有斐閣 :113-140，1990.

[9] 長谷川秀男 . 地域産業政策 [M]. 日本経済評論社，1998.

[10] 濱田博之 . 日本工業の立地調整に関する数量経済地理学的研究 [D]. 東京大学大学院総合文化研究科博士論文，2009.

[11] 松原宏 . 地域自立のための地域産業論 [J].RP レビュー（9-3）:16-21，2002.

[12] 松原宏 . 経済地理学―立地・地域・都市の理論 [M]. 東京大学出版会，2006.

[13] 松原宏 . 企業立地の変容と地域産業政策の課題 [J].JOYO ARC39，2007a（451）:10-17.

[14] 松原宏 . 知識の空間的流動と地域的イノベーションシステム [J]. 東京大学人文地理学研究，2007b（18）: 22-43.

[15] 矢田俊文 .21 世紀の国土構造と国土政策 [M]. 大明堂，1999.

[16]Scott, A.J. ed. Global City-Regions [M]. Oxford Univ. Press [スコット編、坂本秀和訳（2004）『グローバルシティリージョンズ』（ダイヤモンド社）]，2001.

[17]Camagni, R. ed. Innovation Networks: Spatial Perspectives [M].Belhaven Press，1991.

[18]Gertler, M. S. "Buzz Without Being There? Communities of Practice in Context" in Amin, A.and Roberts, J. eds. Community, Economic Creativity, and Organization [M]. Oxford Univ. Press, 2008:203-226.

[19]Markusen, A. R. Sticky Places in Slippery Space: A Typology of Industrial Districts [J]. Economic Geography, 1996 （72-3）:293-313.

第二篇
案例分析

5

第　章
广域规划的新发展

城所哲夫

　　什么是有意义、有必要的广域规划？对于长期以来致力于广域规划的人们来说，这无疑是一个很重要的问题。日本的行政体系和规划体系一直以来是中央集权式，制定广域规划时，将国土划分为若干区域，在每一区域分别进行规划。现行的广域地方规划也是这种方式的延伸。但各地存在以下类似问题：新潟县与其所属的东北地区的关联性薄弱，反倒与首都圈、北陆地区或归属中部地区的长野县的关联性更强。机械地决定区域划分而忽视历史关联性的广域规划是没有效果的。那么，对于日本来说，什么样的广域规划才是有意义的呢？本章将给出这个问题的答案。

　　如果将广域理解为地方自治体超越地域的关联性，那么是有跨越县或市町村的规划实例的。在大都市圈内，经济方面自不必说，在生活方面也早就有跨越县域的交集。另外，放眼全国各地，以市町村为单位也进行了合并、广域规划或自治体间自发的合作。在三远南信地区，切实开展了多种跨越县域的合作，这是一个值得关注的成功先例。对于以周边游为典型模式的旅游来说，地域间合作也是不可或缺的。下面的事例可以说是一个有重要意义的广域规划的典型实例。

5.1

大都市圈的规划与难点

大西隆、片山健介、福岛茂

以东京、大阪、京都、神户、名古屋为中心的大都市圈被称为三大都市圈，自高速发展期以来，作为日本工业活动的中心，吸引了众多人口。在这个过程中，有必要制定规划以表明大都市圈的理想状态，并使之得以实现，为此制定了《首都圈整备法》《近畿圈整备法》《中部圈开发整备法》。在这 3 部法律的基础上，制定了数次规划。市町村自不必说，在制定跨越都府县的广域规划时，首先要涉及一个问题，即规划制定和实施主体是谁？以上 3 部法律均由国家制定，所以是在国家主导下制定和实施规划的。但从 20 世纪 90 年代开始进行的以地方分权为目的的制度改革中，在制定包括大都市圈规划在内的广域规划时，为听取地方意见而推进了地方分权（地方分权推进委员会第五次劝告）。根据《国土综合开发法》改订后的《国土形成规划法》，在制定包括大都市圈在内的 8 个广域圈的广域地方规划时，要成立包括知事和市长在内的广域地方规划协议会，审议规划方案。包括三大都市圈在内的所有广域圈的广域地方规划都按上述方式制定。

虽然实施了以地方分权为目的的改革，大都市圈的规划还是存在几个尚未解决的重要问题。第一，因为没有实现道州制和广域联合，所以从广域视角超越都道府县利害关系制定并决定规划的机制还是没有实现，没有解决广域规划的治理问题。第二，虽说是三大都市圈，都有逐渐向东京圈一极化集中的明显趋势，伴随着人口减少，如何处理地方疲敝问题？或者说，当灾害来临时，如何形成全面的、多核的国土构造以避免地域主要功能同时受灾？目前还没有找到这些问题的答案。本节将在全面把握三大都市圈中人与地域的变化和规划实施的同时，讨论大都市圈广域规划的未来。

1. 东京圈的规划和问题

1）"非过密地区"的过疏现象

在全国人口已逐渐减少的背景下，东京圈（埼玉县、千叶县、东京都、神奈川县）的人口仍然在不断增加。尽管如此，随着全国人口减少的趋势愈加明显，东京圈也将在 2015 年达到人口峰值。随着其他区域人口向东京圈的流入，东京圈的人口集中趋势也愈发明显，自第二次世界大战后形成了三次人口流入高峰期。（第 17 页，第 1.1 节，图 4）

第一次高峰期出现于 1961 年，其特点是流入人口庞大，一年内的流入人口为 65 万人，且分别流向东京圈、大阪圈、名古屋圈，三大都市圈由此形成。第二次高峰期为 1980—1992 年，1987 年为峰值。这一高峰期即为泡沫时期。这一时期的特点是，人口开始集中向东京圈一极化集中，而其他都市圈的人口流入现象已经消失。第三次高峰的峰值出现在 2017 年，同样是继续向东京圈的一极化集中。第二次高峰伴随着东京圈内部的郊区化，但第三次高峰则相反，其特点是居住人口从郊区向市中心转移，也就是说，城市中心的居住人口正在逐渐增多。

尽管东京圈的人口集中现象仍在继续，但相比过去讨论该问题时以过密过疏的极端化的观点，现在随着总人口的减少，东京圈的人口预计也会减少，即使过密的弊端仍然存在，但这种弊端的上限是可以预估的。所以，虽然现在过密问题得以缓和，但中山间地区和地方城市的人口过疏化使得愈发严重的"非密的过疏"问题变得更加明显。

2）机能分散型规划、广域规划"不透明"时代

东京地区的规划分为两层：以包括东京圈在内的首都圈为对象的国家规划和以东京都为首的东京圈自治体规划。国家首都圈基本规划（基于《首都圈整备法》）从 1958 年开始经历了 5 次制定，2009 年在首都圈也制定了广域地方规划（基于《国土形成规划法》）。第一次首都圈基本规划提出了均衡地带政策，目的是抑制已经存在的市区的进一步膨胀。均衡地带的外围设置了市区开发区域，将多数的卫星城市作为工业城市进行开发，基本方针是谋求人口和工业的安定化。由于

开发受到限制，环城绿带对象区域的地权拥有者对此强烈反对，并没有确立限制开发的手段，环城绿带这一构想也无果而终。第二次规划设置了近郊整备地带，目的是谋求有规划的市区发展和与绿色空间的和谐共存。在其外围设置了城市开发区域，继续推进卫星城市开发。第三次规划强调纠正人口向东京的一极化集中，提出各地应形成本区域的核心城市，从而形成多层次城市结构。第四次规划的目标是发展业务核心城市，在此基础上通过构建自主城市圈重建东京圈结构，在周边区域，提倡以核心城市圈为中心的功能集约，强化区域间的相互合作和区域自主性。第五次规划在此基础上，实现从东京单向依存结构到分散性网状结构的目标。2009 年，东京圈也制定了首都圈广域规划。在该规划中，并没有明示需要继承业务核心城市等已经开始被逐渐淡忘的规划用语的机能分散的必要性，被指责笼统，缺乏重点。

另一方面，以东京都为首的各个都县都分别制定了各自的综合规划（或长期规划）。众所周知，综合规划根据都县的条例制定，以各行政区域为对象，而不依据《国土综合开发法》等国家法律。1963 年东龙太郎任东京都知事时期制定了最初的东京都长期规划。由于之后以 3 年为单位制定了中期计划，下一次的长期计划制定于 1982 年由铃木任东京都知事时期。之后，铃木知事又于 1986 年与 1990 年制定了第二次、第三次的长期规划。自此之后虽然没有制定长期规划，但 2000 年"东京构想"、2001 年"首都圈巨大都市群构想"相继出台，2006年制定了以"10 年后的东京——东京即将改变"为主题的综合规划。到 1990 年为止，东京都规划的内容基本上是首都圈基本规划等提出的抑制大都市膨胀和基于国土规划理念的国土均衡发展理论为基础。虽然没有主动提出要从东京分散到地方，但就东京来说，其规划也是通过形成由向东京都心的一点集中结构向副都心结构的转变而最终实现多核心型城市结构的目标。具体来说，在新宿、涩谷等区级副都心的基础上，在多摩地区也设置若干核心区域，以实现集中商业功能，形成多核心结构。在东京内部也通过城市功能的重新分配，减少对向东京都内单向集中的反对声。

"首都圈巨大都市群构想"和"10 年后的东京"提出了在东京都及周边 3

个邻县进行整体规划的必要性。与以往的多核心结构不同，在强调环状网络结构的基础上，以包括已经列入规划范围内的都心和副都心的大部分地区在内的核心区域为中心，开展了东京湾周边临海区域城市群间合作以及环状城市群（例如成田→厚木）间合作等。但就副都心和多摩核心城市（八王子、立川、町田等城市）的发展来说，除了一部分以外，其余都没有取得成效，有的地区商业集中功能正在减弱，所以该如何从整体上把握副都心政策，进行下一步规划，这是我们将要考虑的问题。

3）东京的城市再生

向东京地区的集中性变强，是由于泡沫经济后为了恢复经济增长、搞活城市开发而实施了城市再生政策。2000 年 2 月，在小渊内阁领导下发起了城市再生推进恳谈会，开始实施东京都等大都市圈的城市再生政策。在这次恳谈会上，向下一届森内阁提交了报告，决定设置以首相为首的城市再生总部，但实际上在 2001 年 5 月小泉内阁时期城市再生总部才得以成立。也就是说，自民党政府的城市再生政策的准备阶段历经 3 位首相。在这期间，政策本身已经发生了很大的变化。在小渊内阁时期和森内阁时期的城市再生政策，推行包括完善大城市环状道路和取消铁轨公路交叉处等公共事业，旨在提高自民党在大城市的影响力。但小泉内阁为了解决严重的财政赤字问题，将削减公共事业支出作为承诺之一，采取不通过促进公共事业，而通过不需要国家事业财政支出的放宽政策限制来达到城市再生的目的。在 2002 年出台的城市再生特别管理措施法中，体现了这种政策方向的变化，其中采取了多种方法来释放都心活力，包括民营企业可以对放宽限制的内容进行提议（特别是放宽容积率限制），简化手续，支持资金周转等。

但放宽政策型的城市再生以放宽容积率限制（城市规划中的容积率放宽政策）为主，所以只有可以有效利用容积率的大城市中心区域才能体现其有效性。另一方面，因为明确了真正需要城市再生的是地方城市，2007 年整合了包括城市再生总部在内的地区相关首相直属组织，成立了地区活性化统合总部。

虽然要定量表示这些政策的效果并不容易，但以城市再生政策为契机，其他各种城市开发政策的有效利用程度也随之提高，在东京都中心地区，开展了丸之内多发型再开发、大手町连锁型再开发、霞之关政府街再开发等多项事业。但另一方面，也有反对意见指出，随着城市中心住宅区和办公楼的开发，城市的居住功能和工作功能也向东京都中心区域集中，这种城市再生政策存在局限性，在地方城市完全没有发挥效果。另外，即使在大城市中心地区，城市再生政策的效果也仅体现在高楼重建上。为了解决这些问题，政府开始积极尝试提高开发质量、挑战开发难题，例如，努力进行景观改造，创立低碳街区等。

4）东京圈的现状及未来

下面让我们在分析以上有关东京圈现状的问题点和课题的基础上，深入探讨东京圈今后的发展方向。

第一，由于今后东亚和日本的关系会愈加紧密，东京作为东亚重要城市之一有必要发挥其作用。应不断深入以产业经济和旅游为首的文化艺术、学术等各领域交流，促进相互往来。特别就旅游来说，它不仅是商务及学术交流的重要附加产业，同时它本身也是产生新交流的契机，所以在这种意义上应得到重视。

第二，有人指出人口向东京单向集中会导致密集市区抗灾性弱，在低出生率的日本，这无疑会阻碍其可持续发展。因此，通过进一步发挥札幌到福冈间全国集中性高的城市群作为各地区中心城市的作用，使全国形成多个中心城市，达到群雄割据的目的。为此，要进一步切实推进地方分权，加强地方政府的决定权。促进财政来源放权地方，增强地方独自行使财政权，这与创建有魅力的地方城市密切相关。

第三，构建低碳城市也是东京城市政策的基础。东京需要在维持公共交通便利性、抑制汽车使用的同时，抑制民生垃圾产生。东京都已经在环境保护条例基础上推进低碳政策，例如在谋求城市开发中减少温室气体的排放，在地区规划中规定温室气体的排放上限标准计量单位等，在制定政策减少新开发区产生温室气体的同时，推进面向一般住宅区的降低温室气体排放对策。另外，地方城市通过基于国内绿地开发机制（CDM）和贸易进行温室气体排放量交易，如何与这些地方城市开展合作，这也是问题所在。

第四，和世界上其他大城市相比，东京被称为安全和可以放心居住的城市。

没有武器、经济型的同质社会等的社会基础也有助于形成相对安全的日常生活的市区。同时，多民族社会化是社会发展的必然趋势，为了形成可以让不同民族的人们（不只是日本人）共同安心生活的社区，必需保护为稳定就业、公平收入、培养互助精神提供环境的社会制度和习惯。另外，如何构建对地震、水灾、交通事故有较强应对能力的城市，也是一个需要持续考虑的问题。除了保证建筑物的质量，制作防灾图，提前掌握容易发生的灾害，并做好预防措施，这些具有地域特点的预防非常重要。

2. 近畿圈（关西圈）的规划课题及发展

1）近畿圈的地区规划和地区政策

战后近畿圈地区规划的主要课题是大城市问题和如何处理与东京乃至首都圈的差距扩大问题。随着战后经济快速发展，近畿圈也得到了极大发展，但另一方面，早在 1960 年，政府就认识到了关西地区的地盘下沉、人口急速集中和空心现象等带来的城市问题的激化。因此，广域的圈域规划整备具有其必要性，在"近畿一体化"的构想下，在当时大阪府知事的倡议下，1960 年成立了由两府、六县、三政令市和中央政府外派机构组成的近畿开发促进协议会。其他团体也就近畿广域圈综合规划进行了研讨，由此，1963 年制定的《近畿圈整备法》为之后近畿圈的发展创造了机遇。1964 年，继首都圈之后，近畿圈也制定了相关法律，限制已形成的城市区域内的工厂等的建设，从而限制新设、增设工厂和大学。

近畿圈基本整备规划历经了五次制定。对象地区为福井县、三重县、京都府、大阪府、滋贺县、兵库县、奈良县、和歌山县。1965 年第一次规划以大城市的人口过密问题和近畿圈内的地区间差距问题为背景，目的是通过恰当分配工业区域实现人口分散，减小收入差距。1971 年第二次规划以人口过密过疏问题的恶化和公害问题为背景，提倡提高居民生活质量和改善生活环境。

国土厅大都市圈整备局成立后，1978 年第三次规划提出，随着经济发展放缓，改革中枢功能向东京一点集中，使其具备和首都圈同样的经济、文化、教育中心功能。改善当地居民整体居住环境，同时促进有关行政机关、地方公共团体和民间的积极合作。1988 年第四次规划提出了东京一点集中及近畿圈相对地位低下、形成多核心合作型圈域结构、自主都市圈的创建和改善等新的开发理念。但这一时期是泡沫经济时期，关西文化学术研究城市、关西国际机场、明石海峡大桥等的建设，为近畿圈的新发展提供了机遇。

在长时期的经济低迷和自治体财政恶化时期，2000 年的第五次规划以产业发展为第一，继续创造交流、文化学术、安全便利的生活空间。同时，提出了基于多轴型国土结构的多核心子结构。

与这些法定规划不同，更值得关注的是国家及地区一体化和地区自主制定广域规划。例如 1987 年的新近畿创生规划。当时的国土厅长提出了不受制于国家法定规划，制定描绘近畿圈未来的超长期规划，1982 年设置了由国土厅大都市圈整备局大阪事务所、地方公共团体、民营企业员工组成的新近畿创生规划调查室。在制定规划时，除了由相关知识和经验者组成的调查专门委员会，还举办了学术界、经济界、劳动界和言论界等共同参加的恳谈会。在此基础上公开发表了基本构想方案，广泛听取意见后形成了最终的规划。如此制定的规划形成了与首都圈不同的中枢，作为双眼左右兼顾日本国土整体的有机体结构，提倡形成均衡发展、多重灵活有弹性的国土结构的"双眼型国土结构"。另外，近畿圈确立了多核心合作型圈域结构，提倡提高生活质量的同时，形成近畿都市圈联盟。新近畿创生规划的观点也在第四次基本整备规划中得以反映。

2）近畿圈广域地方规划

受 2005 年制定的国土形成规划法影响，在近畿圈也制定了国土形成规划、广域地方规划。

经过国土审议会圈域部会的讨论，作为广域地方规划区域的近畿圈包括滋贺县、京都府、大阪府、兵库县、奈良县、和歌山县的两府四县。另，在规划正文中，将"近畿圈"称为"关西"。

参与近畿圈广域地方规划协议会的除了两府四县，还有福井县、岐阜县、三重县、鸟取县、冈山县、德岛县 6 个邻县和京都市、大阪市、堺市、神户市 4 个政令市、近畿市长会、近畿区域府县町村会、17 个中央地方分局机关、关西经济联合会、大阪商工会议所、关西经济同友会、关西营业者协会、京都商工会议所、神户商工会议所、堺市商工会议所、关西广域机构。与其他广域区域相比，邻县和经济团体等的参加者数量多，是近畿圈广域地方规划协议会的特点之一，其会长是曾任关西经济联合会长的现关西广域机构会长秋山喜久。

从接受规划制定开始到协议会成立之前，成立近畿圈广域规划协商会议并进行讨论，知事和政令市长也参与其中。共召开了 6 次协商会议及协议会，17 次干事会（部长级）和 5 次学者会议。

在多次会议讨论的基础上，2009 年 8 月国土交通大臣决定通过了近畿圈广域地方规划。规划以"创建以知识和文化为荣，充满活力的关西"为主题，列举了实现 7 个构想的战略（第三部）和 11 个主要项目（第四部）。7 个构想包括：①坚定历史文化自信，培养发展当地特色；②构建多样价值观共存的日本第二中心圈；③构建引领亚洲的国际创新、交流圈；④创造人与自然和谐共处的可持续发展的世界领先环境；⑤构建充满城市与自然魅力的圈域；⑥为群众创造自律、快捷、富裕的高福利生活环境；⑦创建安全、安心圈域，以保护居民生活、产业活动不受灾害影响。从讨论的过程来看，大多数协议会员们希望完善社会资本，构想②、③旨在增强关西圈整体综合经济实力，通过加强与周边圈域的合作实现大关西圈构想。规划整体提倡"历史、文化"第一，构想②中也包含实现"文化首都圈"作用，这可以说是关西圈的特色。而在以前的大都市圈规划中没有明确提及未来圈域结构构想。

3）今后的发展 —— 近畿圈广域合作

在近畿圈（关西圈）已经有过跨越府县的广域合作，如近畿开发促进协议会、subaru 规划办公室（新近畿创生委员会前身）等。近畿圈广域合作的特点是在经济界主导下开展。经济界也在广域合作方面积极行动，例如，关西经济联合会自 1990 年以后曾多次提出道州制构想。1999 年，在当时的关西经济联合会长提议下成立了关西广域合作议会，2007 年将现存的 5 个广域组织统合成 3 个广域合作组织，发展改组成关西广域机构。机构的正式成员包括两府四县、德岛、三重、福井、鸟取各县及四个政令市和关西经济联合会等 7 个经济团体。机构不仅在有关振兴旅游等广域课题方面进行调查研究、制订计划、共同实施，还多次建议进行分权改革。

为了进一步加强合作，在 2010 年内完成设置关西广域联合（暂称）持续进行讨论，这一点值得关注。关西广域联合是基于地方自治法的特别地方公共团体，可设置联合议会和联合长，可行使国家授予的事务权利。在事务处理上，当初设想了制定国土形成规划等法定规划，首先从简单的事务入手，在第一阶段（广域防灾、广域观光、文化振兴、广域产业振兴、医疗合作等）和第二阶段（广域交通、物流基础整备、一体化管理运营等）合作的基础上，在第三阶段接受国家授予的权利。

在这里需要深入思考体制的设定。可以将广域联合委员会比作欧盟委员会，知事以委员的身份各自承担不同的行政职责。虽然广域组织成员仅包括府县和市町村，但为了保持官民合作，可以在外部设置由经济团体代表及学者组成的广域联合协议会。就这一点来看，它与市町村广域合作不同，可以说是只有跨越府县才可以实现的广域合作。府县间共同参与的广域合作史无前例，其今后的发展受到关注。

3. 中部圈规划和名古屋圈整备

1）中部圈开发整备和名古屋圈整备

自 1990 年以后，三大都市圈中的东京圈和关西圈分别依据首都圈整备法和近畿圈整备法进行了规划和整备。与此不同，名古屋圈依据中部圈开发整备法，对远超出其圈域的中部圈（爱知、岐阜、三重；北陆三县，福井、石川、富山；静冈、长野、滋贺）进行了开发和整备。采用中部圈区域划分源于推进东海、北陆合作开发的构想符合当地地域发展。根据 1964 年联合国地域规划调查组报告《应开发中部圈以形成连接首都圈和关西圈的东西轴和连接日本海和太平洋的南北轴》，中部九县并入中部圈（三大都市圈政策形成史编集委员会，2002）。

中部圈基本开发整备规划自 1968 年第一次制定以来，经历了 4 次制定和实施，协调推进了中部圈开发规划和名古屋圈整备。以现行《国土形成法》为依据，这种规划方式将持续至地方广域规划形成为止。

概览整个开发整备规划，可见的规划方法是以东西轴和南北轴的强化为中心，推进东海、北陆、内陆各区域开发和各区域间合作。规划的目的不是以名古屋圈为中心统合中部圈，而旨在与首都圈或关西圈开展合作，使其成为名古屋圈的大后方，这弥补了名古屋圈的地域性劣势。切实活跃名古屋圈和中部内陆、北陆交流需要名古屋圈的高级功能集中和作为中部圈骨架的高速道路网的全面开通。

在名古屋圈的整备规划中，除了城市高速公路、铁路网整备以外，并没有以名古屋市为中心进行统合。以丰田为中心的西三河运输机，一宫、岐阜、大垣的纺织，多治见、濑户的陶瓷，四日市的石油化学等，各自都有独立的产业基地，岐阜市和津市作为各自县政府所在地拥有集中的中枢功能。所以，名古屋圈的整备是以多极分散型的城市圈结构的发展为主展开的。1968 年名古屋未来规划、基本规划（任意城市政策构想）中描绘了通过合并周边 20 个町村形成 350 万个城市，最终形成以名古屋市为中心，半径为 40 ～ 50 千米的大都市圈整备构想。这在极大增强名古屋市的中心位置上是个例外。但随着 1970 年石油危机和 1973年革新市政的出现，名古屋市从重视开发和扩大转向了重视福利（林，2006），提高名古屋市向心力的势头正在大幅度减弱。1980 年以后，日本政府分别提出了东海环状技术带构想［通产省、东海北陆产业构造前景（1981 年）］和东海环状都市带构想［包括国土部在内的 5 个国家部门（1982 年）］。这些构想与东海环状机动车道整备和沿线研究学院城市构想、研究园构想相关。这也是分散网状结构的整备方法。

2）提高名古屋的向心力

1990 年以后，中部圈与名古屋圈的关系结构开始发生大的转变。丰田集团的海外扩张和事业扩大促进了作为世界制造业重要地区的爱知县的发展。2006年爱知世博会的开幕，中部国际机场的建成等，为增强国际交流、扩充圈域高速公路网做出了很大贡献。国家铁路的民营化促成了日铁东海名古屋总公司的成立。超高层双塔日铁中心塔的建设促进了名古屋站周边的再开发热潮，刺激了一直以来作为商业中心地区的荣地区的发展。

泡沫经济崩溃后，随着人口向东京一点集中，关西圈经济发展停滞。相较于关西圈周边地区之一的北陆地区，名古屋圈的向心力逐渐增强。同样的情况也在名古屋圈内发生。名古屋圈由多极分散型城市结构发展而来，1980 年下半年开始，随着国际化的发展，纺织、陶瓷等当地产业逐渐失去竞争力，中心商业区经济也开始衰退，周边城市对名古屋市的依赖性逐渐增强。这激发出了周边核心城市再开发的城市课题，名古屋的商业、名古屋的商业功能和带动就业功能和西三河的制造业中枢功能在高速公路网不断改善的基础上，快速地提高了圈域整体的向心力。

中部圈基本开发整备规划也从第三次规划（1988 年）以后对名古屋圈的进一步高级功能集中提出了要求，要求名古屋圈可以扩充为能够应对全球化的国际商务、文化、交流中心。第四次规划（2000 年）的方针是"形成面向世界的多轴连接结构"的开发整备。随着即将进行的爱知制造中枢功能加强和中部国际机场建设，人们强烈意识到名古屋圈作为国际门户的重要性。俯瞰已经形成的高速公路网，就可以发现以名古屋和丰田为节点向四周发散的网状结构。东海北陆机动车道连接了名古屋圈和北陆地区，其中东海环状机动车道连接丰田和岐阜、长野方向，伊势湾岸机动车道连接丰田、名古屋和三重方向。

3）中部圈广域地方规划和名古屋圈整备

随着综合国土规划逐渐转变为国土形成规划和广域地方规划，形成了全新的中部圈框架。就中部圈广域地方规划来说，该如何进行名古屋圈整备？中部圈从过去的 9 县变成了 5 县（东海三县、静冈县、长野县）。北陆三县和滋贺县以合作地区的形式分别被分到北陆圈和近畿圈。名古屋圈在中部圈中比重变大，这使得一直以来符合大都市圈整备的合理规划判断变得容易。

在中部圈广域地方规划中，以"制造和环保从日本走向世界"为方针，将名古屋圈定义为其中心地区。在 14 个重大计划中，高级城市功能、强化合作计划明确了强化名古屋圈的国际城市中枢功能；在国际门户中部计划中，着重定义了中部国际机场和伊势湾超级中枢港湾整备计划。在强化制造业竞争力计划中，将通过大名古屋倡议吸引海外企业和整备作为产业基础设施的东海环状机动车道。

在环境方面，有作为名古屋圈重要环境基础的伊势湾再生计划。

但从中部圈整备计划整体来看，考虑到地域间协调发展，仍继续维持发展多极分散型地域结构。例如，中部区域社会资本重点整备方针（2004年）以爱知世博为契机将"以建设世界城市为目标的名古屋及站点城市整备"作为重点计划；但在这次的重点整备方针中没有提及强化名古屋站点性，在机场整备方面同样没有提及。一方面表示要扩充中部国际机场，另一方面也表示要增加富士山静冈机场的亚洲线路和信州松本机场国际包机业务。与强化中部国际机场的中心枢纽功能相比，要优先考虑各地的实际情况。现行的广域地方规划框架中，很难给予名古屋像州都这样的特别地位，使之形成像东京和大阪这样有向心力的城市。

4）思考名古屋圈的发展战略

最后，我想随意地设想一下名古屋圈的发展战略（图24）。作为名古屋圈的发展战略（地域规划），我想提出4个有关的设想，分别是"制造业世界中枢""环保首都""名古屋生活方式""中部圈中心城市、日本第三大城市"。其中，制造业世界中枢和"环保首都"已经被作为重点项目列入了中部圈广域地方规划中。

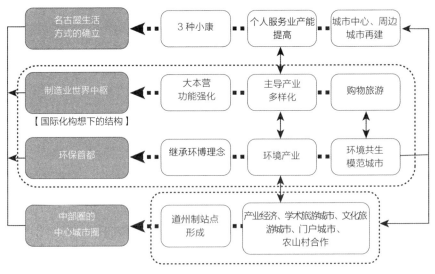

图24　名古屋圈发展战略

"制造业世界中枢""环保首都"是国际化城市构想，"名古屋生活方式"是作为日本、中部圈的城市构想，名古屋圈的发展战略的重点在于既有国际化城市构想，也有与东京圈不同的名古屋生活方式特色。坐新干线 40 分钟即可以到东京，如果名古屋没有明显的地方特色和优势，就很有可能会被纳入东京圈。

名古屋应活用首都圈和关西圈都没有的"充裕的空间、时间、经济"，构建"名古屋生活方式"文化基础，在期待道州制的基础上，确立作为中部圈中心城市的名古屋城市构想。随着高速公路网的发展，统合中部地区的交通基础正在被逐步完善。名古屋生活方式的确立可以通过魅力化、高度化的个人服务业来实现，也可以使制造业创造的收入在地域内形成资金链。在创建环保首都方面，环境技术振兴与"制造业种类多样化"相联系，环境友好型生活方式也适用于"名古屋生活方式"的确立。

本节参考文献

[1] 三大都市圈形成史编辑委员会 . 三大都市圈政策形成史 [Z].2000.
[2] 新近畿创生推进委员会 . スバルプラン一新しい近畿の創生を目指して一 [Z].1987.
[3] 国土交通省 . 近畿圈广域地方规划 [Z].2009.
[4] 国土交通省 . 中部圈广域地方规划 [Z].2009.
[5] 关西广域联合官网 http://www.kippo.or.jp/kouikirengo/index.html.
[6] 关西广域机构官网 http://www.kippo.or.jp/ kouikikikou/index.html.
[7] 林清隆 . 名古屋未来规划、基本规划 [J]. 幻の都市計画 . 树林舍，2006: 54-59.

5.2
市町村合并和定居自立圈

大西隆

1. 市町村合并

1）平成大合并的经过和课题

在检讨地方自治制度的第 29 期地方制度调查会答辩报告（2009 年 6 月）中提到"由于在继续强化财政支援措施等方面能力有限，应将自 1999 年以来的全国性合并推进运动推行至现行合并特例法期限 2010 年 3 月底"。因此，也就预示着无法继续推进促成合并特例债（财政拨款和交付税的偿还财源率高的地方债）等的合并，市町村合并也就告一段落。

到 1999 年 3 月底，日本市町村的总数为 3232 个，到 2010 年 3 月底，市町村总数减为 1730，60% 以上的市町村都进行了合并。相反，剩余 1200 个左右市町村由于主观和客观原因在这 11 年间最终没有完成合并。到 2004 年 3 月底为止，市町村的数量没有发生大的变化，但在之后的两年间，减少了 1300 个市町村（图 25）。

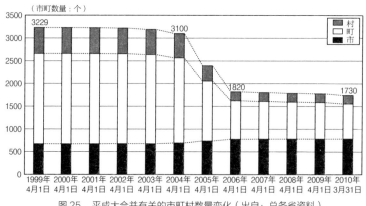

图 25　平成大合并有关的市町村数量变化（出自：总务省资料）

平成大合并的目的是：①为应对地方分权，强化市町村财政能力；②应对生活圈的广域化；③政令市、中核市、特例市权限转移。在前述的地方制度调查会答辩时，陈述了以下成果：通过合并，实现市町村平均规模扩大（人口、面积）；通过地方授权整备行政体制；采取应对少子化、高龄化问题的对策；针对广域化采取相应对策；推进行政运营高效化管理方式。另一方面，合并也存在以下问题：①随着自治体规模变大，难以听取一线民意；②在进行合并时，是否对周边部分地区有遗漏；③当地传统及文化的传承和发展受到威胁。

另外，由于市町村合并的进度有地域性偏差，在全国仍有471个人口在1万以下的小规模自治体，强化其财政能力是课题之一；一些自治体虽然意识到合并的必要性，但由于各种原因没有实现合并或合并结果与当初预想不同而产生飞地问题；因大都市合并推进不利而存在太多的小面积自治体，在行政服务方面，存在受益和负担不均衡问题。

平成大合并的最初目的是避免国家地方补助金税制度出现问题。在战后长期稳定的地方补助金税制度是利用地方补助金税来填补标准财政支出和财政收入的差额，在全国范围内保障财政支出的中央集权制度。地方补助金的财政来源被规定为作为国税征得的补助金对象税的固定部分，使分别独立的补助金税财政来源和需要额合乎逻辑。但近年来，随着税收下滑，地方补助金借款增多，情况不利。

为了应对这种不利情况，不单是地方补助金税的单独应对，而是从地方分权改革的角度出发，进行三位一体的政治改革，包括削减国家给予地方的补助金，地方财政强化的税源向地方转移及地方补助金的评审等。虽然市町村合并不能直接解决这些问题，但如果通过扩大市町村规模可以实现财政高效化，就可以缩小需要和收入的差距，改善地方补助金税赤字状况，更容易推进三位一体改革。回顾这10年间地方补助金税的动向，虽然一开始有减少的趋势，但之后由于发放临时财政补贴，包括其在内的地方补助金税其实是呈增加趋势的。所以，为了切实把握地方补助金税危机是否得到改善，在有关平成大合并税制的特别措施失效时，有必要和过去的状态进行比较。

虽然随着市町村合并，作为强化财政能力、行政能力基础的自治体有所增加，但重要的三位一体改革并没有进展。所以，通过市町村合并，强化自治体的行政能力，地方分权进一步推进，将作为补助金的税源作为一般财源移交地方，充分活用自治体能力变得更加重要。

2）最优城市规模

除了平成时期进行过市町合并，明治时期也进行过大合并。1890年市町村的数量为71 000个，明治大合并后的数量为15 000个。第二次世界大战后，以中学所容人口8000人为最小规模进行了昭和大合并，村子的数量减少到原来的三分之一。之后村子的数量持续减少，到1999年3月，市町村数量为3232个，之后进行了平成大合并。在这样反复进行市町村合并的过程中，不免会让人产生这样的疑问："基础自治体的最优规模应该是多大？"

最优规模可以从各种角度进行讨论。将昭和大合并时的中学规模作为自治体最小规模是一个具体的实例。理论上，将通勤和上下学等日常生活圈作为一个完整的自治体的想法是合理的，因为同一自治体内包含满足住宅区和居民的行政需求和作为法人税、固定资产税、消费税等税收来源工作商业区域，从居民角度满足自治体居民作为自治体主体实现居民自治。但在大都市圈，生活圈范围很广，这不是一个市町村可以满足的，但如果是一级行政区划，即都道府县，则应该可以满足上述条件。

另外，也可以从历史传统和地理地形等观点的一体化范围来考虑最优规模，重视地域社会传统，尽可能地尊重地缘社会关系和人际关系。但也有反对意见表示，多次被形容为"一成不变"的集团社会的人际关系被年轻一代视为不宜生活的环境，造成年轻人流失。也有人主张，即使尊重人际关系，也没有必要将各地域社会构成一个自治体，也有人认为，尊重地域内紧密的人际关系并不影响同一自治体由多个地域社会构成，即需要将各地域都复制成同样的自治体。明治之后已经进行了多次的市町村合并，市町村的规模已经扩大，几乎所有的市町村都由多个地域社会构成。

在平成大合并中作为催化剂的是地方债的优待政策，从经济角度来看，这一点在实现合并上起了很大的作用。用于平成大合并的地方债和地方补助金的优待措施是政府主导的强力促成合并的策略。实施策略是依据人均年支出最少的市町村规模，即实现了最优规模自治体。

使政府办公大楼、议会、基本行政等正常运行需要一定的工作人员和固定经费，如果人口规模小，年人均支出就相对较高。将市町村按规模大小分类比较人均决算额平均值，最少的是中核市或特例市，如表 10 所示人口规模为 10 万～ 30 万，若人口规模大于此，年人均支出也会相对增多，自治体功能也会不同（担任事务增多），所以无法比较。如果到政令指定城市规模的城市功能相同，固定经费则相对减少，年人支出可能随着人口规模增大而递减。

表 10　市町村规模级别决算额情况

区分	2007 年				2006 年		增减	
	每市町村		人均		人均		人均	
	年收入（亿日元）	年收入（亿日元）	年收入（亿日元）	年收入（亿日元）	年收入（亿日元）	年收入（亿日元）	年收入（亿日元）	年收入（亿日元）
政令指定城市	6262	6193	44.1	43.6	44.8	44.3	△0.7	△0.7
中核市	1494	1459	34.5	33.7	34.2	33.3	0.3	0.4
特例市	893	872	32.4	31.7	31.5	30.7	0.9	1.0
中型城市	528	514	33.5	32.6	33.6	32.5	△0.1	0.1
小型城市	212	207	39.7	38.7	39.8	38.7	△0.1	0.0
町村（人口 1 万以上）	81	78	39.5	38.1	39.8	38.3	△0.3	△0.2
町村（人口 1 万以下）	39	37	73.3	70.9	73.0	70.6	0.3	0.3

注：政令指定城市人口大约 70 万以上，中核市 30 万以上，特例市 20 万以上，中型城市 10 万以上、小型城市 10 万以下。（出自：总务省市町村决算资料）

将年人均支出总额作为纵轴，市町村人口作为横轴，取对应的数绘成图 26，通过观察可知，年人均支出停止递减的人口规模相当小，从 2 万左右开始持平。所以，有人指出，对于町村级小规模自治体来说，人均年支出相对较多，使自治体财政效率低下。

另外，从图 26 中可以看出，相同人口规模自治体的年人均支出总额也有很

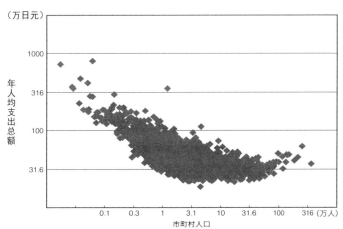

图 26　人均年支出总额与市町村人口的函数图（出自：总务省《市町村决算状况调查》）

大差异。老龄人口比例与年人均支出总额成正比，所以，即使自治体人口规模相同，社会经济特性不同，年人均支出总额也自然不同。

再考虑作为自治体财政健全性基础的税收，市町村税包括个人市町村民税（纳税对象为个人，2009 年预计其占总税收的 35.5%）、法人市町村民税（纳税对象为法人，占总税收的 9.4%）、固定资产税（土地、房屋等，占总税收的 42.9%）、城市规划税（土地、房屋，占总税收的 5.9%）、市町村烟草税（烟草，占总税收的 3.8%）等。如果考虑到个人收入的地域间差距、企业选址不均衡、大城市和地方城市间的地价差异，就可以很容易想象到自治体间税收基础的巨大差距。

所以，根据自治体所在的社会经济状况不同，通过年人均支出总额来表示的财政效率（为提供同样的行政服务需要多少财政支出）和财政能力（保证支出的税源）有很大程度上的不同，只有"两万人以下的小规模自治体的财政效率低下"这一点可以通过人口规模大小来判断。

2. 广域行政的开展

1）广域市町村圈的终结

平成大合并即将结束，但仍有财政效率明显低下的很多小规模自治体没有进行合并，所以，下一步将再次构建多个自治体的合作共同处理行政事务的广域行政，而不再进行合并。所谓再次构建，是因为广域行政的制度是早就存在的，且有一定成绩，其中有协议会（设置 284 个）、共同成立机构（407 个）、事务委托（5109 个）、一部分事务工会（1664 个）、广域联合（111 个）。协议会、共同成立机构和事务委托作为简化广域行政不另外设置法人，一部分事务工会和广域联合需要另外设置法人。

市町村合并也会对广域行政产生影响，例如，一部分事务工会在 10 年间减少了 1000 个，协议会和事务委托也有所减少。2004—2006 年，市町村合并加速进行，广域联合有所减少，之后随着老年人医疗制度出台，在县内的所有市町村设置广域联合的例子很多，最近也有大幅增加的趋势。

为促进广域行政，最开始设置了广域市町村圈（1969 年成立），包括之后的大都市周边地域行政圈，除了大城市中心部，几乎在全地域设置了圈域，推进了事务工会、广域联合、协议会等组织形式的广域行政。但为了配合平成大合并政策的推进，广域市町村圈转变为推进角色，而不是阻碍市町村的合并。2009 年 3 月，有关广域市町村圈的总务省大纲被废止，通过广域市町村圈进行的广域行政失去了地位。

原本，广域行政和市町村合并不能同时进行，只能二选一。在法国，有 35 000 多个被称为"市镇"的基础自治体，一个市镇的平均人口是 1500，因只对有限的一部分市镇进行了合并，为了弥补市镇行政能力不足的问题，设置了多种广域行政组织，除了直营方式的事务，还发展了共同事务和外部委托等各种行政事务的实施方式。如此，广域性地实施个别事务，确保了规模以上的经济发展。因为这种事务实施方式的存在，保护传统市镇的呼声得到响应，所以没有进行市镇合并。在日本，作为实施广域事务的有力手段，广域联合曾在全县范围内被广泛实施，例如长野县。但大多数情况下，广域联合仅用于在共同实施护理、保险等一部分新生事物，所以可以说还是以追求规模利益的市町村合并为方向。但在现阶段，很难实现市町村合并的进一步发展，所以再次将焦点放在广域行政上。

2）定居独立圈

在广域市町村圈之后发展起来的是定居独立圈。定居独立圈是从地方圈 4 万人以上、昼夜人口比值大于 1 的城市（243 市）发表中心城市宣言开始的。中心城市和周边市町村缔结一对一的定居独立圈形成协定，规定合作领域和明确责任分担。这种多重关系在中心城市和多个周边市町村间被确定，从而明确定居独立圈的范围。一个周边市町村也可以根据不同主题和多个中心城市缔结协定，主题不同圈域也不同，由于周边城市和中心城市的关系复杂，所以可能形成复合型圈。相比以往的广域市町村圈及基于此的广域行政，定居独立圈有以下不同：①定居独立圈是中心城市自发提出，所以可以随意决定圈域范围，这一点与都道府县不遗漏不重复的区域划分有很大不同。②可以跨越都道府县设立。③可以复合型地设置多种圈域。自治体间的协定基于地方自治法通过议会决议通过后实施。在缔结协定、设定好圈域后，中心城市将制定定居独立圈共生愿景，描绘定居独立圈未来蓝图及应承担的责任。制定愿景的协商会议由缔结协定的市町村和实施定居独立圈政策的有关人员参加，中心城市作为制定主体应发挥其领导能力。

从 2008 年初开始讨论设立定居独立圈，到 2008 年底总务省发布纲领，同时废除广域市町村圈纲领。2010 年 2 月已有 42 个中心城市和 40 个圈域发表了中心城市宣言，13 个圈域缔结了协定。其中，饭田市在 2009 年 3 月发表了中心城市宣言，同年 7 月与周边 13 个町村缔结了定居独立圈形成协定，同年 12 月提出了定居独立圈共生愿景。协定内容为：在有关强化生活功能的政策方面，包括医疗（确保急救医疗体制、产科医疗体制）、福利（制定圈域保健计划）、工业功能（地方工业中心的运营）、环境（环保模范城市环保措施的普及和扩大、保护鸟兽综合对策）；在有关强化联系和网络的政策方面，包括地域公共交通（确保公交车线路）及 ICT 基础设施完善（构建地域信息共享系统）、促进与圈域内外居民的交流和迁移（完善繁华地区）；在有关圈域管理能力的政策方面，注重人才培养（环境、法务、财会、税务专业研修及其他政策研修）。在制度方面，因饭田市与各町村分别缔结协定，所以协定内容各不相同。这样，在定居独立圈中，不仅强调了中心城市的领导地位，作为协定对象的市町村也可以通过议会决议废除协定。

虽然当初对定居独立圈采取的财政措施没有明确，但在 2009 年第二次修正预算中，将中心城市"地域活性化、生活对策临时补助金"分配额增加了 40%。缔结协定的自治体认为通过定居独立圈进行事业合作，可以实现经费削减，这种制度本身就存在益处。相反，如果缔结协定令成本增加，那么制度不会长久。所以，需要考虑的是如果国家不采取财政上的特别政策，定居独立圈是否可以普及下去？

3）地方分权和广域行政

日本的地方自治制度是由都道府县与市町村的双层结构构成，那么国家和都道府县之间、都道府县和市町村之间应该如何进行管理？

在第一章介绍过的广域地方规划（国土形成规划）是在国家与都道府县之间进行管理的例子，本章所述定居独立圈则是都道府县与市町村间的管理。自治体处理事务的恰当规模有很多种，制度化的自治体不一定采取最恰当的规模，所以成立定居独立圈自然需要新的制度。新制度首先应增加多种自治体，这些自治体可以通过公开选举选出首长和议员，拥有征税权，可以制定预算。虽然对于习惯一直以来通过市町村合并大幅减少自治体的日本公民来说，这种新制度看上去不太现实，但之前介绍过法国的先例，美国的情况也有借鉴意义。

在美国约有 36000 个承担地域自治全面责任的一般政府（县、市镇等），另外，为达成特定目的，还设有被称作学区政府和特别目的政府的地方政府，拥有公开选举代表和征税权，这些自治体总计 84000 个左右。通过这些例子可以看出，如果方式恰当，则可以成立拥有一定决定权和责任的自治体来达到相应的目的。即，实施综合性行政的自治体是道州还是都道府县，抑或是采取市町村合并方式还是保持原有的市町村，不是从这几个仅有的选项中做决定，而是灵活地成立政府，普及同时承担义务和决策权的自治体制。虽然有灵活性，但应考虑多样化发展明确权利和义务的自治体制。

即使不成立政府，也可以通过让居民对每项政策发表意见的自治方式开展工作。居民投票就是一个很好的例子。在日本，虽然不是每次投票都制定条例，但常设性居民投票条例正在逐渐增多。例如，通过首长发起投票使市民行使投票权的市民参加条例（兵库县宝冢市、东京都西东京市等）；通过市民主动提出来实施居民投票条例（爱知县高浜市、埼玉县富士见市等）。如果不是将条例作为制度留存下去，而是被活用到广域行政中起决定意见作用的话，这种广域行政就可以得到市民支持。

不是只有广域行政需要成立新的决策制度。随着市町村合并，自治体规模变大，地域社会间联系疏远，为解决该问题成立地域自治区（将自治体内划分为几部分设置地域自治区；合并时在原有的市町村内设置地域自治区，在自治体内进行分权，在首长控制下行使一定的自治行政权力）。在这种制度中，也有必要加入自治体组织代表公选制，发展维护公共交通和地域医疗等贴近居民生活的自治制度。同时需要考虑如何将 10 年间平成大合并的经验联系到成立多种自治政府、灵活实施公共事业上。

本节参考文献

[1] 竹下让监修 . 世界的地方自治制度 [M]. イマジン出版，2002.

[2] 财团法人自治体国际化协会 . 法国城市规划——制度及现状 [Z]. 2004.

[3] 财团法人自治体国际化协会 . フランスにおける基礎自治体の運営実態調査—人口 2000 人未満の「コミューン」における行政運営の実態 [Z]. 2008.

[4] 総務事務次官通知 . 定住自立圏設定要綱 [Z].2008.

[5] 山崎重孝 . 定住自立圏構想の推進について [J]. 地域開発，2009（537）:44-51.

5.3
跨越县境的地域合作

户田敏行

1. 跨越县境的地域合作情况

1）扩大地域合作

日本的地域政策是中央、县、市町村的 3 层结构，连接县域边缘地区的县境地域建设是其中容易被遗漏的部分。县境区域的政策不同，也有中央分支机构边界重合的情况。但正是由于这样的空间联系，促进了跨越县境的广域地域规划。县境地域规划可以说是通过以往置于地域政策边缘的县境间合作寻求地域建设的新趋势。

本节将梳理日本全国县境地域间合作整体情况，以作者亲自参与规划的位于爱知、静冈、长野县境的三远南信地区为例，介绍地域合作情况和县境地域规划的制定。

首先，我们需要确认全国县境地域是否存在地域合作组织。根据 2008 年各县政府调查结果，98 个县境地域有 115 个地域合作组织，且具有全国性。合作组织主体的 80% 为市町村，以受县境制约的基础自治体居多。其中半数以上的县境地域都由县、经济团体、居民团体、大学等参与合作组织，各组织合作进行地域建设。

这些合作组织从 1985 年前后开始增多。与此同时，在第四次全国综合开发规划中和第五次全国综合开发规划（21 世纪国土规划）中分别提出了"交流网构想"和"地域合作轴"，市町村进行了跨越县境的合作，在这样的背景下，可以看出国土规划在县境地域合作方面的有效性。

2）合作活动内容

合作组织的活动内容主要为完善基础设施、旅游、防灾、医疗领域。在完善基础设施方面，由于县境道路完善进度落后，出现应急车道无法通行的情况，所以采取了很多措施完善山间道路。另外，铁路方面也有电车无法通行的情况。在位于福井、滋贺县境的福滋地域，日铁电车用直流电而不是交流电，所以为了使自关西方向开来的快速电车可以通过福井县，将该区域的交流电变成了直流电，实现了通行目的。

旅游方面开展的活动效果也很显著，例如，在鸟取、岛根县境开展了大山、中海旅游合作的市民团体活动。另外，还有通过饮食文化开展县境合作的例子，例如在位于栃木、群马县境的两毛地域开展了结合各市面食特色的"面食之乡"活动。

防灾、医疗方面，在考虑地域安全的基础上对实施必要性强的项目采取了措施。在秋田、岩手等多个县境地域缔结了灾害时互相援助的协定，在位于福冈、大分县境的丰前地域，以市民团体为主构建了相关体制，通过迷你调频广播台为跨越县境地域提供灾害信息。同时重视医疗领域的活动，在青森、岩手县境的南部地域，推进设置跨越县境的医疗直升机。

3）县境地域政策的必要性

跨越县境的合作组织活动目前仍处于地域建设的初级阶段，考虑到今后的发展，目前我们需要确认县境地域政策的必要性。

首先是资源的有效利用。跨越县境时地域资源难以得到有效利用，特别是在行政资源方面，例如相邻临港县域间存在竞争关系，无法实现资源的合理利用。另外，在市民生活方面也存在教育领域、医疗领域的合作障碍。很多情况下以电视和报纸为载体的信息不能跨越县境传播，有时无法实现地域资源的有效利用。

其次是地域维护。特别是山间地带的大部分聚居区人口减少，而这些地区邻近周边县境，所以希望可以通过跨越县境合作发现新的地域维护政策。在国土形成规划全国规划第三部《广域地方规划的制定和推进》（130页）中也有如下记述："多数有存续危机的聚居区均位于县境地域，需要着力考虑跨越县境的广域对策。"

第三是基于现有合作组织实施以市町村为主体的地域建设。以多个县为单位进行广域规划，最终会发展为道州制，但无论如何发展，与居民生活直接相关的是市町村。县境地域政策的重点是以市町村为起点进行广域地域规划，而县级优先发展市町村之间的联系。

2. 三远南信地域的地域合作

1）跨越县境的地域合作背景

下面，以三远南信地域为对象讨论跨越县境的地域合作。三远南信地域是由爱知县东三河地域的"三"、静冈县远州地域的"远"及长野县南信州地域的"南信"得名的县境地域（图27）。地区内的站点城市分别为东三河地域的丰桥市、远州地域的浜松市、南信州地域的饭田市，总人口约为230万，面积约为6000平方千米，人口和面积均达到了中等县级规模。

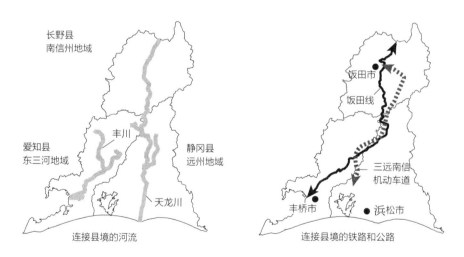

图27　三远南信地域

在全国，跨越县境合作时大多重视县境地域的历史性，强化旧藩间的历史联系。三远南信地域在天龙川、丰川流域范围内拥有流域上下人流和物流的历史基础。其中具有代表性的是将海盐搬运至山间地带，所以该流域被称为"盐之流域"。同样，人的流动孕育文化共同性，使民俗艺术在山间地带得到长期发展。

明治以后，随着铁路建设兴起，虽然完成了东海道线和中央本线等东西方向铁路建设，但该流域南北方向铁路建设被弱化，为此，发起了以当地资本为基础的南北方向铁路建设运动，1943 年铁路实现国有化，最终形成了今天的饭田线。另外，为满足汽车交通需要，推进了连接丰桥、浜松及饭田的三远南信汽车道路的新南北轴建设。县级范围内的县境地域对居民来说难以理解，但以"盐之流域"为代表的南北轴的历史意义有助于理解跨越县境的地域合作。

在长久以来形成的地域合作的共识下，目前的政策主张重视县境地域的合作，而不是县中心地区。县境地域相比中心地域，在政策上不容易受益。特别是在以浜松市为中心的远州地域，虽然相比县政府所在地静冈市有经济集中优势，但在公共投资方面处于落后地位。东三河地域和南信州地域也有同样的问题，可以通过跨越县境进行地域合作，而不是就某个县境单独采取政策。

2）三远南信地域合作过程

在三远南信地域，提出了多种跨越县境的地域合作构想，从而成立了跨越县境的合作组织。表 11 总结了其中的主要提案和地域合作组织，整体划分为 5 个阶段来讨论。

第一阶段是"天龙、东三河特定地域综合开发规划（1952 年）"，是最早将三远南信地域作为整体制定的国土综合开发法特定地域综合开发规划。虽然实现了佐久间大坝、丰川用水等，但作为国家事业规划没有成立跨越县境的地域合作组织。

第二阶段提出了跨越县境的相邻地域间合作。爱知、静冈县境以浜名湖为中心制定了《丰桥、浜松双反相机经济圈（1963 年）》和以县境山间地带为对象的《天龙、奥三河地域综合调查（1976 年）》。特别是在地域维护刻不容缓的山间地带，例如爱知、长野县境的 5 个町村成立了县境域开发协议会（1977 年），促进了消防、防灾、医疗等领域的合作。

第三阶段从中部经济连联合会提出的《三远南信三角地带构想（1985 年）》到国土厅等发起的《三远南信地域整备规划调查（1993 年）》为止。以三远南信公路为核心事业，提出了三远南信地域一体化构想。在此期间，爱知县丰桥市、

表 11　三远南信地域的主要提案及合作组织

合作阶段	地域提案、调查	提案主体	地域合作组织
1	天龙、东三河特定地域综合开发规划（1952 年）	行政（中央）	——
2	丰桥、滨松经济圈（1963 年）	行政（县）	县境三圈域交流恳谈会设立（1976—2005 年）；县境域开发协议会（1977 年）
2	天龙、奥三河地域综合调查（1976 年）	大学	
2	上流山村研究（1977 年）	市民团体	
3	三远南信三角地带构想（1985 年）	经济团体	三远南信机动车道建设促进期成同盟会成立（1984 年）；三远南信正副县长协议会成立（1989 年）；三远南信地域工商会交流恳谈会设立（1990 年）；三远南信地域经济开发恳谈会设立（1991 年）
3	山岳高科技城市构想（1988 年）	市民团体	
3	三远南信地域整备规划调查（1993 年）	行政（中央）	
4	三远广域 200 万城市圈构想（1993 年）	经济团体	第一次三远南信峰会召开（1994 年）；三远南信地域整备联络会议成立（1994 年）；市町村合作组织的三远南信地域交流网会议（1996）；第一届三远南信教育峰会召开（1996）；三元南信地域经济开发协议会成立（1997）；第 13 届三远南信峰会开始设立"地域居民会议"（2005）
4	三远南信新首都构想（1995 年）	经济团体	
4	浜松、丰桥广域城市合作调查（1996 年）	行政（市町村）	
4	三远南信地域交流网推进规划（1997 年）	行政（市町村）	
4	三远南信县境地域振兴规划制定（2001 年）	行政（国）	
5	三远南信地域合作愿景（2008 年）	行政（市町村）经济团体	三远南信地域合作愿景推进会议（2009 年）

静冈县浜松市、长野县饭田市之间的合作变得紧密，成立了三远南信正副议长协议会（1989 年），工商会议所组织了三远南信地域经济开发恳谈会等。

　　第四阶段是除三远南信公路之外地域规划的扩大阶段。东三河地域、南信州地域、远州地域分别被指定为"地方站点城市地域"，使县域间的广域地域合作成为可能。作为跨越县境的广域合作组织，三远南信地域峰会（以下简称"峰会"）成立于 1994 年，各行政首长和经济团体领导都有参与。相应地，作为三远南信地域圈市町村合作组织的三远南信地域交流网会议（1996 年）和作为总工商会议所、工商会组织的三远南信地域经济开发协议会（1997 年）等也相继成立。进一步，从第 13 次峰会（2005 年）开始，地域居民会议也合并至其中，自此，峰会实现了官、产、民共聚一堂。

就这些地域提案、地域合作组织的发展来看，广域地域合作从合作必要性强的山间地带等县境地域开始，逐渐扩大至易于实施广域战略的站点城市合作，最终扩大至整个三远南信地域。在此基础上，下面将介绍第五阶段的综合地域规划三远南信地域合作愿景（2008 年）。

3）合作活动的开展

如果观察这一阶段的一些合作活动，就会发现行政之外的活动有所增多。1995—2003 年第四阶段跨越县境的地域合作活动有 116 个，其中市民团体活动大幅增多，占跨越县境合作活动比例较大。就合作模式来说，在行政方面，现存的县域组织容易沿袭以往跨越县境的合作模式，市民团体倾向于成立新的跨越县境的组织。非营利组织法人也相继产生，例如在三远南信地域，"三远南信网"借助杂志进行宣传，举办交流旅游活动，起到了联系各市市民团体活动的作用。在山间地带，以市町村合并为契机，为了通过非营利组织保护、发展佐久间町，已经延续开展了以往的"加油佐久间"活动，今后要着重加强山间地带的 NPO 和城市市民团体间的联系。

另外，在跨越县境的地域合作中，大学也逐渐发挥重要作用。目前，以爱知县大学为主，工科类丰桥技术科学大学与文科综合类大学爱知大学合作推进"跨越县域生态地域建设战略计划"。爱知大学在 2004 年成立了"三远南信地域合作中心"，举办了多场以三远南信地域为主题的讲座并开展了多项学生活动。

在经济团体方面，地域政府也提出了以县为单位的跨越县域新事业开发合作项目。在经济领域合作上，县境容易出现分歧，应以全国性的农业工业中心为主，不断推进工商农合作的新事业。

3. 制定县境地域的地域规划

1）制定规划的背景

随着多种地域规划方案和合作活动不断增加，单独实施某项规划有其局限性，人们逐渐意识到有必要制定将这些单独的规划统筹在一起的综合性地域规划。具体的背景是市町村合并带来的一部分市町村规模扩大和道州制的讨论进展情况。

首先是市町村合并。在平成市町村合并中，三远南信地域内的 65 个市町村减少到 32 个。其中变化最明显的是浜松市，与爱知、长野县境接壤政令市的诞生。设置拥有县级功能且与县境接壤的政令市后，在三远南信地域内，跨越县境的广域合作意识被固定下来。

其次是道州制。在第 28 次地方制度调查会答辩（2006 年）区域划分方案中，所有的方案都将长野县划分到其他道州。对县境地域的不便有深切感受的县境地域，要跨越县级以上的道州级是一个很大的问题。特别是在与东海地区有密切联系的南信州地域，相比县域划分，当地居民更重视与三远南信的关系。所以，在第 14 次三远南信峰会上，决议通过了将三远南信地域划分为一个道州。

与此同时，国土形成规划开始制定广域地方规划。问题是制定了县境地域综合规划，应如何使其发挥作用。为了避免广域地方规划停留在市町村内部，有必要有计划地成立国家级和县级的相关接口单位。广域地方规划是第一个跨越县境范围的综合规划，可以有效促进县境地域规划方案的制定。

2）规划制定体制

对于不具备统一政策主体的县境地域来说，成立地域规划的决议机构是很重要的。始于 1994 年的三远南信峰会每年举办一次交流活动，但不具备决议功能，可以将这种由所有市町村长、所有经济团体领导、代表性的市民团体参加的活动转变为具备决议功能的活动。所以，之后在峰会上设置了讨论委员会推进规划制定。

讨论委员会的成员为市町村代表 6 名、经济团体代表 6 名、市民团体代表 7 名和学者 4 名。因为广域规划涉及多个县，所以有必要在县级和国家级机关间进行调整。为了确保市町村的主体地位，设置了采纳国家和县规划方案的观察机构。在三远南信地域，国家的分支机构的管辖范围分类很多，其中国土交通省、经济产业省、农林水产省等国家机构有 17 个，爱知、静冈、长野县有 6 个。"三远南信地域合作愿景"（以下简称"愿景"）制定于 2008 年，是在该体制的基础上，由三远南信地域市町村、经济团体、市民团体共同决议通过的。其目的概括为以下三个方面：县境地域共有的理想地域形态、分散的合作事业提案的系统化、跨越县境推进规划体制。

3）"愿景"的理想地域形态

作为理想地域形态最早通过委员会被提出的是"通过县境地域一体化实现何种对外功能"。三远南信地域内的合作一直很受关注，自此形成了将整个地域作为整体考虑对外功能的观点。具体来说，主张在中部圈设立与名古屋城市圈不同的城市圈；使三远南信地域具备连接日本东西两侧的功能。

再就是地域内的方向性。结论就是着力提出了"流域圈"这一概念，即作为规划整体亮点提出"创造 250 万人流域城市圈"。但当初的委员会通过的议案中没有"流域圈"，后经重视山间地带问题的市民团体和山间地带自治体等再次发起审议，最终就"流域"达成一致。对丰桥、浜松等下游城市的 2 万居民进行采访调查，60% 的居民认为"相比城市区域，应优先对山间地带实施对策"，可以说从政策上表明了实施上下游一体化的可行性。

4）愿景的规划方案

事业规划方案共分为 5 个方针："作为中部圈核心的地域基础""可持续发展的工业集聚""盐之路博物馆""有效利用山间地带的示范流域""广域合作安全"。

较典型的事业有：在地域基础方面，除了以往的道路完善和港湾合作外，提出了跨越县境的电视、报纸等大众传播媒体间的合作。在工业集聚方面，着眼于跨越县境的以地域企业合作为基础的地域金融机构和作为研发中心的大学间合作，规划制定后成立了跨越县境的由 8 个金融合作社构成的"金融合作社峰会"。在旅游方面，为促进"盐之路"沿线民俗艺术等历史、自然旅游，将重点放在实际实施活动的市民团体上。

在流域合作方面，考虑到流域圈环境保护（河川土砂循环等）及丰桥市、浜松市为中心的下流区域人口集中性强，旨在通过上下流自治体合作实现人口向山间地带的转移。最后，在广域合作安全方面，提出了构建多元文化共存的基础，例如，公共设施的广域利用和跨越县境集聚性强的社区教育资源完善等。

5）愿景规划推进机制

实现跨越县境的地域规划的是其推进机制，目前最重要的是在规划制定初期确立专门推进该规划的机制。从前是合作组织事务局轮流组织活动的形式，活动不同，合作组织也不同，现在将以前不固定的合作组织事务局固定下来，实现各种活动的集约化。规划中决定设置"三远南信地域合作愿景推进会议"（以下简称"推进会议"）。规划制定完成后，2009 年 4 月在浜松市设置了包括丰桥市、饭田市职员外派的"推进会议"事务局。

推进会议的作用：①推进重点项目，②评价重点项目，③响应道州制等国家政策的变化，④支援非营利组织及企业等组织的合作活动，⑤对新组织进行探讨。特别是在 2012 年，为确保对县境地域进行长久稳定的管理，推进会议过渡为"新合作组织"。

4. 跨越县境地域形成展望

跨越县境的地域形成以市町村为主体的跨越县和国家地域框架的地域规划。三远南信地域的独特的地域规划可以说是跨出了跨越县境地域规划的第一步。推进县境地域建设的课题包括以下 3 个方面。

第一，确保县境地域的管理，这一点也是推进会议需考虑的问题之一。就三远南信地域来说，南信州地域曾设置过广域联合，所以提出了设置跨越县境广域联合。广域联合探讨的课题是产生跨越县境的政策主体，实现国家和县域的权力转移。关西广域联合的活动也在继续推进，采取的基本方针与以往的广域联合不同，根据不同的活动选择性参与、以组团参加的形式参与活动等灵活方式。对于地域合作事业逐渐增多的县境地域来说，有必要成立灵活利用经济团体、市民团体、大学等现存的合作组织和活动的广域行政制度。

第二，与广域地方规划等广域区域规划的联动。就今后的地域政策来说，以市町村为主体的地域形成和集约多县力量的广域区域规划是密不可分的，县境地域规划的作用就是将它们联系起来。然而，制定广域地方规划时，参与政策制定的协议会成员基本上仅限于县级和政令市，不一定能保证其与县境地域实现联动。2008 年秋对全国所有县政府调查的结果显示，48 个县境地域虽然推进了与广域地方规划的联动，从县境地域征求意见的县仅占 30%。所以，推进广域地方规划需要改善其与县境地域规划的联动方式。实现已经在地域合作方面有实际成果的县境地域的战略一体化，推进在县境地域进行广域合作的广域区域规划，这种国土政策的制定方法可以认为是有效的。

　　第三，县境地域间的相互合作。正如文章开头所述，在全国有很多县境地域合作组织分别在推进广域合作。这些地域间互相进行信息交换，共享适合县境地域的广域行政制度和广域区域规划联动战略。这在推进县境地域政策方面是很重要的。

本节参考文献

[1] NHK 地域開発プロジェクト・東三河地域研究センター . 県境を越える開発 [Z].1989.

[2] 戸田敏行，高橋大輔 . 県境地域づくりの試み [M]. あるむ，2007.

[3] 三遠南信地域交流ネットワーク会議・三遠南信地域経済協議会 . 三遠南信地域連携ビジョン [Z].2008.

[4] 高橋大輔 . 広域地方計画に誘発される地域ガバナンスの研究 [R]. 平成 20 年度国土政策関係研究支援事業研究報告書，2009.

[5] 高橋大輔，戸田敏行 . 県境地域における地域計画の策定プロセスと氷菓に関する研究 [C]. 日本都市計画学会と市計画論文集，2009（44-3）.

5.4

广域规划和振兴地域旅游

福岛茂

近年来，因地域社会经济低迷，在地域活性化方面，地域旅游业备受期待。在少子高龄化和人口减少的背景下，很难通过增加常住人口实现地域活性化，所以人们将关注点转向交流人口的增加。作为可持续的地域建设的途径，地域旅游业也受到关注。国家也打出了旅游兴国旗帜，地域旅游开始得到了广泛的发展。本节主要就地域旅游业和可持续地域规划的联系展开论述，探讨振兴地域旅游将对广域规划产生何种影响。

1. 振兴旅游的广域必要性

在振兴旅游方面，提出广域概念是很重要的。游客没有都道府县、市町村这样的行政区划的意识，他们根据自己的目的，自由决定旅游地的范围。一般来说，就近旅游的范围窄，外地旅游的范围广。交通工具不同，旅游的范围也会不同。如果是自驾游，那么可以进行沿线、周边游；如果是坐新干线或飞机，则旅游的范围以目的地为主。近年来，吸引发展迅速的东南亚国家的人们来日本旅游的倾向越来越明显。对于这些游客来说，旅游范围跨越多个都道府县。欧美游客有很多会周游整个日本或周边国家。旅游业从业者们同样意识不到行政区划，他们考虑的是以游客需要和高效促进旅游商品销售为目的的地域划分。

各市町村在考虑振兴旅游业时，容易从振兴工业的角度考虑问题，而不是从游客或旅游从业者的角度来考虑。从振兴地域的角度考虑旅游规划时，制定战略性广域规划有其必然性。只有先明确广域规划的定位，才能制定各市的旅游振兴规划。以作为旅游地被固定下来的地域性总结和容易给游客留下印象的地域总结为基础，在梳理旅游资源的分布和与周边地域合作条件后制定广域观光规划是很重要的。包括对日旅游在内的广域旅游振兴的目的是实现空间上覆盖全日本、地方区域、旅游区域（国家公园及其区域和街道等）、特定旅游地区（城下町、门前町、温泉、农场等）的多重旅游规划。

2. 可持续的地域建设和地域旅游业

随着旅游需求的多样化、成熟化，不仅是旅游出发地营销，有效发挥地域魅力、文化的地域旅游业（目的地旅游）也受到关注。振兴地域旅游业可以被定位为可持续地域建设的途径之一（佐佐木，2008）。可持续地域建设即创造出环境、社会、文化、经济的良好循环，促进地域和谐发展。可持续地域建设和地域旅游业振兴有高度协调性。首先就这一点进行更进一步的说明。

第一是地域旅游业的地域社会活性化效果，这需要地域自治体、民间企业、市民等，从自身角度出发挖掘、发展地域魅力和文化。其过程和成果可以提升当地居民的地域自豪感，恢复地域特点。建设魅力城市可以促进人口稳定，也可以通过外地就学返乡就业、外地就学外地就业等方式促进人口流动，这同时表达出了旅游兴国的重点——"建设宜居、宜旅的国家"。

第二是包括地域旅游业的旅游经济效果。旅游对地域经济的影响不小。旅游不仅关系到旅游业和住宿业，与餐饮业、礼品行业、交通运输相关联的其他产业也有广泛联系，并通过地域食材的有效利用与当地农林水产行业相联系。

据旅游部推测，2007 年两次经济波动，旅游业产值（包括间接经济效果在内）为 53.1 兆日元（相当于国内生产总值的 5.6%），解决就业人数 441 万人（相当于总就业人数的 6.9%）。但地域旅游业不能承担大量游客，所以经济效果也相对有限。从地域经济振兴角度来看，应制定促进潜在型旅游项目，并将其与住宿、餐饮、购物等旅游消费相结合。

第三是环境、文化的保护和有效利用。地域旅游的魅力基础是地域自然景观及风土文化。优美的自然环境和景观本身就是重要的旅游资源。乡间朴素的绿水青山就是地域旅游的主场地。地域旅游以短期居住、交流、体验学习作为活动重点，地域作为主体制定相应的项目。这种内部的旅游开发相比外部的大规模旅游开发来说，对环境的影响相对较小。

第四是财政风险低。地域旅游不一定依赖于大型基础设施的完善。这就意味着财政风险相对较低。以地域为主体的旅游开发对在设施开发方面对财政造成很大的负担，例如夕张市的财政破产问题。随着旅游地间的竞争越来越激烈，考虑财政风险也是可持续地域建设中的重要一点。

3. 地域旅游与广域规划

地域旅游是通过短期居住和交流活动体验当地的风土和文化。在振兴地域的设定上，不采用现有的行政区域，以共同的自然、历史、文化为背景，选取容易给游客留下印象的地域范围。通过广域规划的方式将丰富的旅游资源集中起来，实现旅游线路和项目的多样化。这种多样性、有选择性的短期滞留旅游也可以实现多次旅游和长期旅游。

地域旅游的广域规划从地域品牌力建设开始，规划对象范围广泛，包括交流、体验、学习的旅游功能的强化，风景建设和街道整备，旅游交通扩大，信息发送集中化等。所以，有关自治体自不必说，需要与旅游业、运输业、农林水产业、城市建设、环境组织等进行广泛的合作。另外还需要广域协议会等的组织和制定综合性地域旅游方案的人才。

但就现实来看，有关自治体和团体在对振兴旅游的态度和成熟度方面各不相同，难以实现完全统合型的运营。既有商务形式，也有志愿者形式；既有以游客消费趋势为基础的日常改善旅游项目，也有像风景建设这样长期的改善项目。有关部门需要共享地域旅游愿景，合作推进短期、中期、长期规划。制定广域规划时，需要从功能和空间两方面来考虑，对应统合的部分进行统合，并将其与可以长期合作的部分区分开。在这个过程中，存在以下需要综合推进的课题：旅游地域的品牌力建设、提供旅游信息的集中、旅游交通网的运营等。各地区组织的旅游活动和体验、学习、交流项目即使不需要统合，也可以逐步稳定合作推进，从讲好旅游地域愿景和旅游地域故事开始。

就广域规划来看，我认为振兴地域旅游可以成为广域空间、环境管理的新的

向心力。在通常的广域自治框架内不会提出对多个自治体实现统一的条例化环境
管理及景观法的适用。振兴地域的共同利益和从地域旅游振兴中产生的地域环境、
文化共同价值观是实现新的广域规划的牵引力。这种变化开始逐渐在全国展开。

4. 近年来的广域旅游地建设

近年来，政府也开始积极支持跨越自治体范围的地域旅游和旅游地域建设。
在 2003 年及 2004 年实施的国土交通省旅游交流空间建设示范事业（后变为旅
游复兴事业、旅游地域建设实践计划）中，成立了由包括多个市町村在内的关系
复杂的多个部门组成的广域协议会，目的是扩大以旅游为重点的优质地域建设及
旅游交流。2008 年实施了《促进完善旅游圈的游客来访及短期居住的相关法律（旅
游圈整备法）》，其目的是使旅游地进行广域合作，完善短期居住型旅游圈。到
2009 年为止，旅游部共批准了 30 个地域的旅游圈整备规划，并支援其完善规划。

下面具体介绍一下旅游圈的概念。在旅游圈整备规划中，指定旅游短期居住
促进地区，以这些地区为中心形成可以体验当地街景和进行周边游的旅游圈（图
28）。通过设定旅游圈，整合丰富的旅游资源，实现旅游项目的完善。周边游的
交通整备网也被列入支援项目中。在圈域的设定上，在把握自然、历史、文化等
地域特色的基础上，从游客的活动路线和需求出发，建立中长期稳定的旅游圈，
是否可以对应多于三天两夜的短期旅游还需要进一步讨论（旅游部，2008）。旅
游圈的制定地域主要有南房总、富士山、富士五湖、琵琶湖、近江路、平户、佐
世保、西海等半岛，山麓、大型湖泽、海岸等自然地域，熊野、日光等著名历史
文化遗产，札幌、仙台等都市圈。

在旅游圈整备方面，为了体现旅游地的综合魅力，成立由有关自治体和旅游
业及相关业界组成的法定协议会，以促进综合性工作的开展。比较好的方法是将
景观、环境改善、住宿、土特产、餐饮、体验、学习项目等按"当地相关""当
地特色""高要求"进行分类，构筑地域品牌力。

支援项目主要有以下几种：①对住宿、旅游资源、交通移动、导游、信息提
供等改善进行辅助和融资；②与完善社会基础设施方面的合作；③农村山村的交

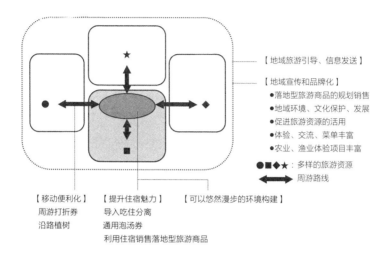

图 28 旅游圈整备图（根据旅游局资料做成）

流设施整备支援（有效利用农村、山村活性化项目支援补助金）；④旅游业法特例《对住宿游客出售目的地型旅游商品的许可》（旅游部，2008）。设置旅游部的意义之一是强化与有关中央部门的调整功能。在旅游圈整备中，不仅有国土交通省管辖范围内的支援，还有农林水产等省的合作。

国土交通省是支持培养地域旅游的重要部门，在其修正了可以实施的在第三种旅游业有区域限制的募集型计划旅游制度后，当地旅游协会、非营利组织、中小住宿企业可以计划售卖地域旅游商品（佐佐木，2008）。进一步来说，只要得到旅游圈批准，酒店、旅馆就可以向住宿游客售卖这些旅游商品。对于开发策划地域旅游商品的旅游企业来说，对顾客吸引力的提高、回头客的增加都有助于扩大销路。

5. 广域旅游地建设事例

1）南房总旅游圈

南房总地域位于南房总半岛南部，由千叶县馆山市、鸭川市、南房总市、锯南町构成，由首都圈近郊的海滨保养地域发展而来。但近年来旅游人数逐渐减少，伴随馆山公路的全线开通等，搞活该地域旅游业的必要性也越来越明显。以千叶县，南房总三市一町，旅游、工商团体，农业、渔业团体，交通事业者，非营利组织等为中心，成立南房总地域旅游整备推进协议会，推进南房总地域旅游振兴工作。2008 年南房总地域被批准为旅游圈整备规划地域之一。

下面简要说明一下南房总旅游圈整备规划。旅游圈的基本概念是有效利用乡村的青山绿水，让游客与居民进行如家人般的交流并实现短期居住。为了实现这种整备规划需要实施：①南房总旅游学院实践基础上的人才培养；②丰富赏花旅游和旅游圈四季魅力；③合理利用青山绿水的环境保护；④提供丰富的地域旅游信息；⑤为实现便捷周边游，提升二次交通和循环系统；⑥创造短期居住型旅游和有效开展促进工作（旅游部，2008）。

从地域空间、环境管理的角度来看值得关注的是，为了保护绿水青山和风景建设，采取广域方式完善地域环境基金和保护重要的景观建筑物、树木、农地。振兴地域旅游正在逐渐成为广域空间、环境管理的凝聚力。

目前已经开展的工作有南房总旅游学院、综合旅游介绍主页"南房总看点——旅游咨询"、自助式租赁自行车网络等。在综合旅游介绍主页上，以南房总、花海街道为主线，根据美食、历史传承、海洋文化、绝景、温泉游 5 条副线，分别介绍南房总的旅游信息。非营利组织等组织也开始活跃于广域旅游工作中，馆山社区经济研究会作为"以馆山港为核心的旅游交流促进项目"的其中一环，运营南房总旅游学院，进行了地域旅游人才培养、南房总旅游商品开发、旅游市场调查等。目的地旅游规划在交通业界和旅行社的合作下开始实施。日铁东日本（千叶分社）和当地旅游团体、非营利组织法人合作推进"旅游城市南房总线路"等旅游产品。

2）南信州地域广域旅游

（1）南信州地域广域旅游振兴体系

南信州广域旅游振兴由广域联合、南信州旅游公社、饭田旅游协会三个组织运营。他们分别承担相应的职责。广域联合通过南信州主页、手册提供旅游信息。南信州旅游公社策划体验教育旅游，饭田旅游协会策划其他的目的地观光旅游，分别从事振兴地域广域旅游的工作。

首先说明一下饭田旅游协会的活动。饭田旅游协会是由南信州约 200 个旅游企业会员构成的民间团体。该协会有效利用南信州旅游资源，发展了一本樱旅游、饭田和果子游等多种当地观光旅游。一本樱旅游利用多种多样的樱花品种曾在为期一个月的花期内吸引了16万游客前来观赏。"春游日本"——日本最高级别自行车赛也成功吸引了大量游客前来观看，促进了当地的地域宣传。

广域旅游在南信州地域的地理优势、文化整合、长期的广域行政合作和中心城市饭田市的主导下顺利开展。南信州广域联合定期组织成员市町村的首长就地域建设进行协议。同时设立了南信州规划推进协议会，推进南信州地区旅游、农业、制造业的品牌化。广域旅游也是这一系列活动中的重要一环。

另外，饭田市也积极支持广域旅游，为饭田旅游协会提供运营补助金和项目补助金。南信州旅游公社的设立也是由饭田市主导，因为饭田市认为"如果南信州整体实现了旅游活性化，那么也会对中心城市饭田市经济产生好的影响"。

（2）南信州旅游公社和体验教育旅行的承办

南信州地域是成功举办体验教育旅行的示范地域。南信州与长野县的其他著名旅游景点轻井泽、蓼科、八岳、松本相比，旅游品牌力相对较弱。但南信州地域有农业旅游基础和农业体验旅游活动的实际成果，所以提出了在农业地区振兴交流、体验、学习型旅游。

1995年饭田市旅游科开始策划该体验教育旅行。以往体验教育旅行都是来自学校的需求，但由于在旅行社上耗费时间和成本，缺乏商业魅力。为此，饭田市提出体验教育项目化和由市承办，使体验教育旅行走上正轨。2001年，饭田市设立了周边市町村和有关团体共同参加的南信州旅游公社，正式开始振兴体验教育旅行。1996年承办体验教育旅行的团体数为8个，2008年增加到416个（其中学校等占116个），项目参加总人数达到59 000人。

饭田市将体验教育旅行扩大到广域范围内有以下几个理由：第一，有必要建立完善的承办体系。体验教育旅行的主体是中学的修学旅行，时间集中在5月中旬到6月上旬的一段时间内。仅在饭田市内不容易确保体验教育项目的承接农户和自然体验的指导老师等的稳定性，需要确立广域范围内的承办体系。第二，有必要制定广域旅游项目。在南信州地域，包括住宿设施在内，旅游点较分散。对于三天两晚的旅游，考虑到承接能力和天气因素，采取农家住宿一晚或昼神温泉等住宿一晚的对策。将旅游项目自身扩大到广域范围内是最适宜的解决方法。

下面分析一下南信州地域通过体验教育旅游树立品牌力的主要原因。体验教育旅行之所以成功，有以下 3 点原因：①饭田市的直接参与使旅行社和学校双方得到有力保障；②南信州旅游公社的成立和多彩体验教育项目的提供；③地域承办能力变强。在体验教育旅行方面，承接农户和指导教师的水平很重要。饭田市要求承接农户自发组织学习会并提出改善点，市相关工作人员负责从接车到体验学习现场的接送。南信州地域因待客热情和社会资源丰富得到很多好评。南信州旅游公社的体验教育旅行之所以可以成立，取决于 1000 人以上的承接农户、指导老师、地域合作者的长期稳定合作，可以说这些地域资源构筑了南信州体验教育旅行的品牌力。

小　结

今天，人们对观光和地域旅游对地域活性化的贡献有很大期待。以往的广域空间、环境管理一般都是由县主导，其中大部分地域都没有地域自治和地域风土文化基础。本章所述地域旅游的趋势可以提高作为基于地域自治的可持续广域规划的可能性，这一点受到人们的关注。地域旅游以自然、文化整体作为空间单位，将行政、民间、市民联系起来，实现地域文化、环境、经济的进一步可持续发展。就旅游圈整备来说，不仅限于旅游振兴，以此为基础的风景建设和环境管理也应受到重视。通过地域旅游实现地域振兴和共享环境、文化价值观是其凝聚力之一，期待其可以提升广域空间、环境管理和生活圈的魅力。

本节参考文献

[1] 佐々木一成 . 観光振興と魅力あるまちづくり [M]. 学芸出版社，　2008:63-71.

[2] 観光庁官网 http://www.mlit.go.jp/kankocho/index.html.

[3] 観光庁 . 観光圏の整備による観光客の来訪及び滞在の促進に関する基本方針 [Z].2008.

[4] 観光庁 . 南房総地域観光圏整備事業計画 [Z].2008.

第 6 章
日本以外的国家广域规划经验

　　本章将概览日本以外的其他国家和地区有关广域规划的情况。欧盟各国间有超越国家范围的广域规划的丰富实例。随着欧盟的成立，在以洲为单位进行广域规划的欧洲，各国重新制定广域规划，努力使各国自己的空间政策与欧盟相协调。在亚洲，成立像欧盟这样实施条约签署、设置议会和行政组织、使用通用货币的跨国组织还需要一定时间。尽管如此，亚洲目前已经成立东盟、亚太经合组织等地区合作框架，近年来的经济增长也促进了地区间合作强化。在 21 世纪，亚洲将以东盟为先例，通过地区间合作机制促进广域政策的制定和实施。

　　美国和加拿大一直以来地域主权意识强，其地域政策有独立性的特点。这对于活用各地特色，谋求共同繁荣的日本各地来说具有借鉴意义。邻国韩国和中国的动向也是日本较为关心的。这些国家排除地方主义实施广域一体化管理。与其相比，这一制度在日本还处于长年讨论无果的感性认识阶段。这样看来，在地域发展和国土管理制度上，日本已经落后于亚洲其他国家。通过理解各国的尝试和成果，也可以有效地明确日本今后的发展方向。

6.1

英国广域规划

片山健介

英国全国划分为英格兰、苏格兰、威尔士、北爱尔兰4部分，虽然与其他各国的城市、地域规划制度基本类似，但在广域规划方面有所不同。因篇幅有限，本节仅就英格兰展开论述。

1. 英格兰城市、地域规划制度的变迁

英格兰的地方行政制度较为复杂，一级政府和两级政府同时存在。在非大都市圈，两级政府为"郡级"和"区级"；一级政府为单一管理区。在大都市圈，除伦敦外，有6个都市郡（自治体国际化协会等，2003），均为一级政府。通常不设首长，由公选议员组成的议会同时拥有立法和执法功能（戒能，2003）。但伦敦分为伦敦市和32个伦敦自治市，同时设有公选市长和议会的大伦敦政府。大伦敦政府通过公选于2000年成立。英格兰的最高行政区划是9个区域，在这9个区域没有像德国一样的州政府，可以认为与日本的"东北地区"类似，但人口和面积等规模多小于日本的这些"地区"。

除伦敦以外的其他8个区域设有3个地域行政机关。政府地域事务所是将1994年设置的中央政府的派出机构统合在一起的机关。地域开发厅是1998年基于地域开发厅法设置的代理处，承担制定地域经济策略，通过实施政策及补助金分配实现地域开发。地域评议会①与地域开发厅同时设置，由自治体，经济、社会、环境团体等代表组成，在之后将介绍的地域空间战略草案的制定上发挥着重要作

---

① 在地域开发厅法（RDA Act，1998）中有 Regional Chamber，各地域称其为 Regional Assembly。但因为不是公选议会，在这里称为"地域评议会"以示区别。

用，同时承担监督地域开发厅的作用。另外，伦敦市由大伦敦政府、伦敦政府事务所和伦敦开发厅 3 个机关构成。

设立这些机构的原因主要有两方面：一方面欧盟成立及欧盟地域政策开展过程中地域作用逐渐增强（外因），另一方面因反对撒切尔时代的中央集权、地域间发展不平衡及环境问题，地域规划的重要性进一步凸显，英国国内地方分权运动由此兴起（片山他，2003）。1997 年，布莱尔工党政权成立，原本计划通过各地域居民投票同意进一步发展地域评议会并最终成立地域政府（相当于日本的道州制），但由于东英格兰地区居民投票反对最终未能实现。

2. 英格兰城市、地域规划制度的变迁

英格兰城市规划制度根据 1947 年城市农村规划法制定，现在以 1990 年城市农村规划法为主。之后，1991 年规划与补偿法经修正，在 2004 年根据《规划与强制购买法》引入了新的地域规划制度。因此，本节在概述之前的规划制度的基础上，重点讨论 2004 年《规划与强制收用法》的制度变化。另外，在英格兰，管辖城市规划的政府时常变化，现在主要由郡、地方自治区负责。

1）规划许可制度

英格兰的城市规划制度通过"开发规划"表示未来理想规划状态，通过"开发管理"来实现。（中井，2004）开发管理的手段主要是"规划许可"。

英格兰实行的不是按区划分，而是通过批准单独的开发项目进行控制的制度。地域开发需要地方规划厅（主要是地方自治体）的规划批准，地方规划厅拥有广泛的决定权，以开发规划作为判断标准之一决定批准与否。

对此，中央政府从广域角度出发，通过规划纲领性文件进行指导。另外，当申请审批许可的规划开发方案可能对国家、地域产生影响时，内阁大臣有权强行介入。

2）2004 年修正前的城市、地域规划制度

图 29 简略表示了 2004 年规划制度修正前后的变化。就 2004 年前的规划制度来说，开发规划基本上是两级规划制度，即郡制定结构规划，区制定地方规划。

在一级政府、单一自治体制定单一开发规划，是结构规划①和地方规划②统合在一起的规划制度。对于开发规划，中央政府通过纲领性文件传达方针。其主要内容为规划政策方针和地域规划方针。

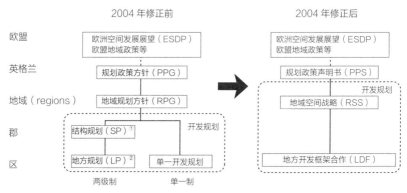

图 29　英格兰城市、地域规划体系的变化

规划政策方针是中央政府关于城市规划的政策方针，按领域分别实行不同的方针。该规划政策方针是全国性文件，除绿化带外没有特定城市针对性。地域规划方针是规划政策方针在地域内的具体政策，通过开发规划显示 15 ～ 20 年间的广域规划框架，由地域规划组织制定草案，通过规划大臣的修改和确认发挥效力。以上方针说到底还是指导方针，不具备法律效力。

3）2004 年修正后的城市、地域规划制度的变化

根据 2004 年《规划与强制购买法》英格兰城市、地域规划制度发生了如下变化：

第一，制定了规划政策声明书以取代规划政策方针。

---

① 结构规划以全郡为对象制定，表明包括住宅、自然环境、地域经济、交通和土地利用战略、废弃物处理、旅游、休闲、能源等方面的整体规模和大致的区域选定及限制开发区域，为地方规划提供规划框架。由战略方针（法定）、补充说明（任意）、关键指标及图表构成，规划期间以 15 年为标准。

② 地方规划表明了详细的土地利用及变化方针，作为开发管制时的判断基准。开发管制方针及其理由说明（法定）、规划、图纸构成，规划期间以 10 年为标准。

第二，制定了地域空间战略以取代地域规划方针。同时赋予开发规划法律效力。

第三，地方自治体制定地方开发框架以取代地方规划。同时，废除郡级结构规划，将其内容并入地域空间战略中。

在此次制度修改中需要特别说明的是，引入了"空间规划"的概念。空间规划又称"Euro-English"[1]，是表示空间活动和资源、投资分配的战略框架，以谋求土地规划、经济开发等不同领域的政策合作，是从欧盟级到地方级的规划、政策概念。这个概念通过 1990 年制定的欧洲空间发展展望，经由以荷兰和法国为主的国家发展而来，这对于一直以来以城市农村规划为基础的英国来说是一个全新的概念。

在 1998 年中央政府的"现代化规划"中，指出了应将欧洲整体视角和有效的地域规划等城市农村规划中欠缺的部分加入规划中，在 2000 年对规划政策进行了修改，明确规定在制定地域规划方针时，应考虑欧盟的法律和政策，包括欧盟空间发展展望理念在内的欧洲政策方针，谋求与地域经济战略等的协调发展。

在经过 2004 年修正后的现行制度中明确描述了"在规划政策声明书中，空间规划的实施方法是可持续发展规划的基础""根据新的地域空间战略和地方开发文件制定的制度应考虑空间规划方式。空间规划超越了传统的土地规划，是统一推进统合土地开发利用相关政策、对土地特点和功能产生影响的其他政策和项目的规划"。这次制度修正是对规划政策方针的旧制度的继承和发展。

3. 英格兰地域规划

1）全国性规划：规划政策声明书

规划政策声明书是城市规划相关领域的方针，到 2004 年 1 月为止，已经公开发表了 14 个声明书。分别为 PPS1：面向可持续发展、PPS：规划和气候变化（PPS1 补充）、PPS：生态城（PPS1 补充）、PPS3：住宅、PPS4：可持续的经

---

[1] 威廉姆斯在其书中指出，"在论述欧洲相关部分时，是定义在整个欧洲框架基础上的论述规划，而不是用英国的思维方式和规划概念，空间规划（spatial planning）虽然包含英国城市农村规划，但不仅限于此"（William，1996）。

济发展规划、PPS6：中心城市规划、PPS7：农村地区可持续发展、PPS9：生物多样性和地质保护、PPS10：可持续的废弃物管理规划、PPS11：地域空间战略、PPS12：地方空间规划、PPS22：可再生能源、PPS23：规划及污染控制、PPS25：开发及洪水危险性。与以往的规划政策方针不同，声明书强有力地表示了对自治体的义务，但仍不具有法律效力（藤冈他，2005）。

2）地域空间战略

如前所述，与以往的地域规划方针不同，新的规则使用了"空间战略"一词，使其具有了法律效力。其最大的特征是作为法定开发规划的一部分，成为规划批准时判断标准之一，以下做进一步说明。

（1）定位

根据规划政策 PPS11，地域空间战略对包括地域交通战略在内的相关开发文件、地方交通规划、土地利用相关地域级和小地域级战略及项目指明空间范围。如前所述，作为超越传统型土地规划的空间规划，具有统合土地开发、利用相关政策的作用。

（2）内容

在地域空间战略中，规定了在进行地域规划时应考虑新建住宅的规模和分配、环境（农村、保护生物多样性等）、交通、基础设施、经济开发、农业、采矿、污水处理、废弃物等课题。例如，在住宅方面设定了区级或应制定共同开发规划文件的小地域级的目标值。在内容构成上，应明确根据规划许可、地方开发文件及地方交通规划进行的战略性开发管理政策；作为战略的一部分或相关文件明确设定可监控目标成果、指标的实施规划；用关键图表表示包括地域空间发展战略在内的土地开发、利用政策，原则上不明确到特定土地。

（3）有关小地域

如前所述，通过制度修改废除了郡级的构造规划，地域空间战略将区或单一自治体制定的地方开发框架作为广域规划。在地域空间战略中，要求适当加入小地域规划。在规划政策声明书中表示，需要在居住方式和行政不同但存在共同课题的地域、战略性政策不足地域实施小地域级的规划政策。

（4）制定过程

除伦敦外，其他 8 个地域均分别制定了地域空间战略。空间战略草案由地域规划组织制定。地域规划组织中 60% 的成员来自区、郡、大都市圈域等地方政府和国家机构，实际上，各地域的地域评议会即为各地的地域规划组织。

规划政策 PPS11 中记述了制定过程。该过程大致分为 3 个阶段。修正后的最初在 2004 年制定的地域空间战略，是现有的地域规划方针实施的基础。另外，在制定地域空间战略时，综合实施了持续性评价。

第一阶段为草案的制定。在此阶段，地域规划组织发挥了主导作用。以政府地域事务所、地域开发厅为首，在经济团体、环境团体、社会团体等多种地域相关机构间进行协议，在把握地域课题，分析社会经济、人口变化等的基础上，完成草案制定。不同地域的协议方式有所不同。例如，有些地方以地域规划组织制定者为主，广泛征求地域相关者的意见；而有些地方虽然缔结了统合地域战略的协定，但也有人指出没有被列入协定内的相关组织无法参与制定的问题。

第二阶段为公开审议。公开审议是由规划审查厅[1]指定的审查长和一名或多名规划审查官[2]共同组成的委员会选定被认为有必要进行审查的主题，将相关人员聚集在一起召开的公开圆桌会议。通过会议讨论，委员会整理总结并向政府地域事务所提交建议书。表 12 表示了东米德兰兹地区的公开审议时间和主题。

表 12　东米德兰兹地区地域空间战略制定的公开审议表

审议时间	审议主题
第一周 2007 年 5 月 22 日—2007 年 5 月 25 日	地域空间战略草案内容（背景、政策 1）
第二周 2007 年 5 月 29 日—2007 年 6 月 1 日	住宅
第三周 2007 年 6 月 5 日—2007 年 6 月 8 日	住宅、经济战略
第四周 2007 年 6 月 19 日—2007 年 6 月 22 日	旅游，自然、文化资源，水资源管理，矿物，废弃物，能源
第五周 2007 年 6 月 26 日—2007 年 6 月 29 日	三大城市（诺丁汉等）、小地域
第六周 2007 年 7 月 3 日—2007 年 7 月 6 日	林肯郡政策区域、小地域
第七周 2007 年 7 月 10 日—2007 年 7 月 13 日	北部小地域等
第八周 2007 年 7 月 17 日—2007 年 7 月 19 日	地域交通战略、监控、实施、评价

---

[1]郡、地方自治市区的机构（executive agency）。
[2]所属规划审查厅的城市规划专家，实施城市规划制定过程公开审查会（public inquiry）的推进及复审（appeal）审查等。

　　第三阶段是修改草案后经内阁大臣批准、发布的阶段。在该阶段，由国家最终决定，所以政府地域事务所发挥了主导作用。政府地域事务所在建议书的基础上制定修正方案，经过与地域规划组织等的协议制定最终方案，经部长批准后正式发布。

　　（5）地域空间战略实例

　　地域空间战略的制定（地域规划方针修正）自2005年开始在全国范围内展开，到2010年1月为止已经有7个地域完成了制定。表12是东米德兰兹地区地域空间战略的审议表。在该战略中，显示了以地域发展和投资为目的的空间战略优先级，优先级第一的是曼彻斯特、利物浦地域中心，第二是地域中心周边内部区域，第三是三个城市地域圈的中小城市，第四是城市地域圈外围的中小城市。同时，显示了有关农村地区、海岸地区、绿化带的方针。另外还包括曼彻斯特和利物浦等4个城市地域圈战略。在制定草案阶段，西北地域评议会提示了城市地域圈的方向性战略，有关自治体在此基础上进行了详细的提案（图30）。

3）地方开发框架

　　地方开发框架是在法律修改的基础上由区或单一地方自治体重新制定，由提供实现地域空间战略框架的多个地方开发文件构成，其主要内容如下面框中内容所示。

　　●地方开发规划（local development scheme）：新法实施后6个月内制定的包括所有自治体在内的地方开发框架。到2005年3月底为止所有自治体向内阁大臣提交完毕。

　　●开发规划文件（development plan documents）：

　　主要战略（core strategy）：空间愿景、战略目标、实行战略、管理、监控框架，包括战略性空间配置在内。

　　地区行动规划（area action plans）：针对有必要进行大的变更及保护的土地提出的城市规划框架，且该规划框架的制定具有自发性。

　　批准后的方案图（adopted proposal plans）：在地图上表示通过的开发规划政策。

　　●居民参与声明书（statement of community involvement）：表明居民参与地方开发文件制定方针的文件。

　　●补充规划文件（supplementary planning documents）：根据开发规划文件政策加入更加详细内容的文件，有任意性。

　　●年度评价报告（annual monitoring report）：报告地方开发文件的实施情况、评价政策目标的达成度的文件，向部长提出。

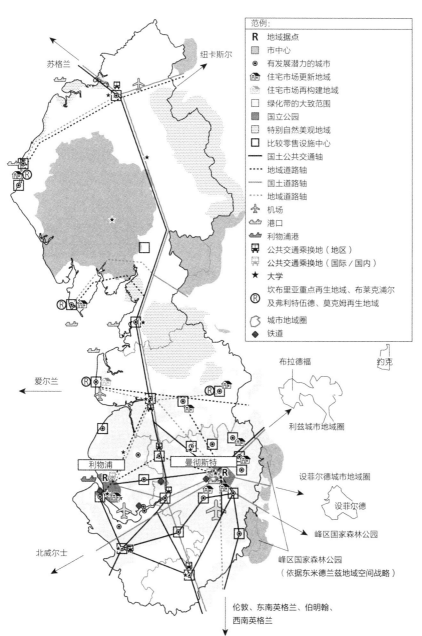

图 30 西北地区地域空间战略的主要规划图（出自：Province of British Columbia，Municipal Act，Part 25）

地方开发框架由内阁大臣提出，通过地域规划组织等相关主体的协议和市民参与，由区或单一自治体制定并独立审议。由内阁大臣指定的规划审查官对方案提出修改意见，自治体对规划进行重新评价、修正和采纳。另外，当该框架可能造成全国性、地域性重大问题时，内阁大臣可以行使强制介入权。

在制定框架时需要考虑其与地域空间战略、地方自治体制定的可持续社区战略[1]的整合。

4）伦敦规划

伦敦和其他 8 个地区的制度稍有不同。根据大伦敦市政府法，伦敦市长的义务是制定明确的空间发展战略，其中包括土地开发、利用相关的一般方针。伦敦规划相当于伦敦地域空间战略，综合了市长不同领域的战略，同时要求整合各个单一的开发规划。

4. 对日本广域规划的启示

日本于 2005 年制定的国土形成规划法是参考了英格兰规划方针的规划体系。所以通过对两者进行比较，可以从英格兰地域规划制度中得到启示。

在英格兰，地域空间战略被定位为地方自治体城市规划的高一级战略。从另一方面来说，地域空间规划将国家地域规划方针具体到地域范围，同时谋求与同一地域的地域经济战略协调推进，地域空间战略本身作为空间规划包括地域开发和环境内容。可以说从国家到地方构成了地域空间规划的统一体系。与此相比，日本的广域地方规划虽然将国家规划具体化，但在实现集约型城市结构和低碳城市方面缺乏与必要的都道府县土地利用基本规划和城市规划区域整体规划等关系的明确化，这些问题再次凸显出来。

---

[1] 依据地方自治法（local government act 2000），为促进和提高所有地方自治体在经济、社会、环境方面的幸福感，实现英国可持续发展而制定的战略。可持续地方自治体（sustainable communities act 2007）中，将地方自治体战略（community strategy）变更为可持续地方自治体战略。

　　还有对制定过程的比较。日本的广域地方规划是通过协议会总结草案，由国土交通大臣（注：日本的国务大臣之一，国土交通省的首长）最终决定。在这一点上，日本与英格兰的地域空间战略有相似之处。但英格兰在制定规划时，政府地域事务所和地域规划组织是不同主体，在协议进行的各个阶段承担明确的责任；与此相对，日本的协议会成员是由中央派出机构、都府县知事、经济团体等共同组成，实际上承担主要工作的是地方整备局，从这里就可以看出规划并不是由地域自主制定的。

　　虽然如此，也不能说英格兰的规划体系就是恰当的。在 2007 年商务、企业、管制改革部、社区、地方自治部、财务部等公开发表的"有关地域经济发展和再生的评审"中，将地域空间战略和地域经济战略统一，同时废除了地域评议会，提出要再议地域开发厅与地域有关部门协议制定规划。2009 年 11 月制定了相关法律，实现了地域开发厅与地域有关部门协议制定规划①。这些趋势可以说为快速应对全球化时代愈加激烈的城市、地域竞争指明了方向，也为当代广域规划的作用和地域规划主体的存在方式给出了启示。

---

① 地方民主制、经济发展、建设法（local democracy, economic development and construction act）（http://opsi.gov.uk/acts2009/ukpga_20090020_en_1）

本节参考文献

[1] 戌能通厚 . 現代イギリス法事典 [M]. 新世社, 2003.

[2] 片山健介他 . イギリスの国土・地域計画制度の変容と E による影響 [C]. 都市計画論文集, 2003 (38):817-822.

[3] 片山健介, 志摩憲志 . 地域の自立的発展に向けた空間計画の役割と地域ガバナンスの形成に関する研究—欧州の地域空間戦略の事例を通じた広域地方計画の課題—[J]. 人と国土, 2008 (21-33-6) :14-19.

[4] 自治体国際化協会 . 英国の地方自治 [Z].2003.

[5] 中井検裕 . 第 2 章イギリス // 伊藤滋他 . 欧米のまちづくり・都市計画制度—サステイナブルシテイへの途 [M]. ぎょうせい, 2004:81-126.

[6] 藤岡啓太郎他 . 英国（イングランド地方）における都市計画体系の変化 [J]. 都市計画, 2005 (257):98-101.

[7]Commission of the European Communities (CEC) . The EU compendium of spatial planning systems and policies [Z].1997.

[8]Glasson, J. & Marshall, T. Regional Planning [M].Routledge, 2007.

[9]Planning Portal Website delivered by Communities and Local government. http://www.planningportal.gov.uk/html.

[10]The Department for Communities and Local Government.Planning Policy Statement 1:Delivering Sustainable Development [Z].2005.

[11] The Department for Communities and Local Government.Planning Policy Statement 11:Regional Spatial Strategies [Z].2004.

[12] The Department for Communities and Local Government.Planning Policy Statement 12:Local Spatial Planning [Z].2008.

[13] The Department for Communities and Local Government.North West of England Plan-Regional Spatial Strategy to 2021 [Z].2008.

[14]Williams, R.H.European Union Spatial Policy and Planning[M].Paul Chapman publishing, 1996.

6.2
法国广域规划

冈井有佳

1. 法国空间规划体系的发展趋势

法国空间规划体系主要分为两大体系：以土地利用管制为主的城市规划体系和以经济、地域开发为主的国土整备体系。

国土整备的对象范围广，为确保国土地域活动得到均衡分配，经济方面的主次顺序十分重要。与此相对，城市规划的对象区域相对较小，是对具体的土地进行实质性管理。就规划方法来说，城市规划以管制为主，国土整备则具备规划及项目、财政措施。

但在具体的实际事务上，很难区分国土整备体系的规划和城市规划体系的规划，因为城市规划无论是从法律上、行政上，还是财政上，均从属于国土整备体系（镰田，1983）。另外，随着空间规划体系的不断修正，两者的关系就越加紧密，边界越发模糊，明确区分变得更加困难。

近年来，这种趋势越发明显。随着欧盟化、全球化，跨越国界的城市间竞争越发激烈，然而法国具备国际竞争力的城市只有巴黎。为此，为了实现有国际竞争力的城市建设，法国的市镇选择与邻市共同构建"城市圈"。也就是说，比起个别城市的一枝独秀，法国市镇选择合作共赢。所以将关注点放在多个基层自治体合作构筑的生活圈、就业圈上，将这种一体化的圈域定义为"城市圈"，以此为单位推进经济开发和国土整备。

本节中的广域规划是基于这种城市圈制定的规划，是以城市圈为对象的城市政策中的核心规划。从其制定过程和性质来看被视为城市规划体系的一部分，但在城市圈成立后，其与国土整备体系的联系也愈加密切。

本节将首先以广域规划为主概述主要的空间规划制度，之后将介绍广域规划的成功案例——斯特拉斯堡市，并简述其内容。

2. 法国行政体系

在概述空间规划制度之前，先梳理一下与规划制度密切相关的法国地方行政制度（图31）。

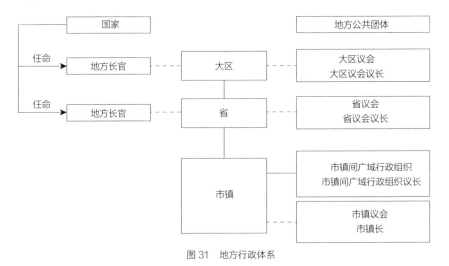

图31　地方行政体系

法国的行政区划分为大区、省和市镇3级。作为经济促进团体成立于战后的大区在20世纪80年代地方分权化后成为地方行政主体，主要具备经济开发权和国土整备权。以法国大革命时全部废止的地方为单位进行区划，平均人口约为240万，和日本府县人口几乎相当，但面积要大得多。

在拿破仑时代设置的省级行政区所拥有的权力主要为社会福利权、保健权和教育权。在当时，以骑马48小时内可以往返的范围为标准，人为进行区划，虽然面积大致相同，但人口差距很大，从诺德省的2565000人到洛泽尔省的76000人。

作为基础自治体的市镇起源于中世纪教会区，拥有城市规划权、教育权和文化权等。市镇数约为36700个，其中大部分规模很小。事实上，市镇的平均人口约为 1800 人，人口不足 2000 人的市镇约占 90%。

曾因考虑到小规模市镇的自治能力不足问题而推进市镇合并，但出于尊重地域特色的思想和传统、文化背景，合并没有如期实现。于是，从 19 世纪开始，着力推进市镇间的合作体制和联合方式，从单纯的事务性组织到联合程度高的组织形式，设立了各种各样的广域行政组织。特别是在由多个市镇组成的市镇间广域行政组织（EPCI）中，拥有经济开发和城市完善等义务和固定财政来源的大都市圈共同体、都市圈共同体、市镇共同体的重要性逐步提升，今后将在都市圈中起更加重要的作用。

另外，大区和省也是国家的地方行政机构，设有中央省厅的地方分局。在过去，省（或大区）长既是地方长官，也是官选知事。1980 年上半年开始实行地方分权运动，省（大区）长由省（大区）议会议员互选产生的议会议长担任，现在仅为国家在地方的代表。因此，在省（大区）中央省厅分局和地方公共团体共存，在日本被称作知事的职责由省议会议长及大区议会议长担任。

3. 法国空间规划

法国空间规划间关系如图 32 所示。

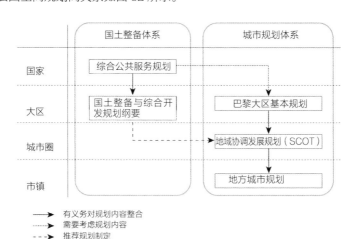

图 32　规划间关系

1）国土整备体系

法国国土整备是战后开始的按五年经济计划推进的。但国家和各大区就空间规划的内容和财政负担进行多次交涉，于 1980 年形成了规定负担比例的规划合同，自此更加明确了各自的责任范围，五年经济计划也被形式化而取消。取而代之的是于 1995 年根据《地域规划与发展指导法》制定的国土整备开发全国规划，这是第一部根据法律规定的国土规划，但由于政权交替没有得到批准。

（1）国家级规划——综合公共服务规划（SSC）

继国土整备开发全国规划之后，1999 年法国根据《地域规划与可持续发展指导法》制定了综合公共服务规划（SSC）。综合公共服务规划综合考虑了欧盟空间整备规划，是编制年限为 20 年的国土整备战略方针。其内容有以下 9 项：高等教育与科研、文化、卫生保健、信息通信、旅客运输、货物运输、能源、自然保护用地、体育设施，其中除了硬性措施，还包括软性措施。

（2）大区级规划——大区国土整备与综合开发纲要（SRADT）

法国当初在设置国土整备开发全国规划的同时，设置了大区国土整备与综合开发纲要（SRADT）。大区拥有其制定权，在综合公共服务规划代替国土整备开发全国规划后，大区国土整备与综合开发纲要仍被定位为综合公共服务规划的大区级补充规划。其内容是制定大区可持续开发规划的中期基本方针。其规定了以下主要事项：当地的大规模基础设施，社会资本完善，有关投资、就业的经济项目，城市开发，经济恶化地区的重建，环境、景观、自然、城市遗产的保护和活用等。该大区国土整备及综合开发规划是方针性规划，不是限制性规划；其规定了继规划合同后的项目合同中大区方的基本方针，通过项目合同来实现。

关于巴黎大区，后续将说明适用于巴黎大区的巴黎大区基本规划。

另外《地域规划与可持续发展指导法》还设立了新的都市圈合同，该都市圈合同是拥有独立财源的市镇间广域行政组织与国家和大区等缔结的合同，目的是保证都市圈项目的实施，同时它也是项目合同中的一部分。

2）城市规划体系

作为法国城市规划体系被熟知的基本规划（SD）和土地利用规划根据 2000

年 SRU 法（有关城市合作和再生的法律），分别被更换为地域协调发展规划
（SCOT）和地方城市规划（PLU），内容也有大幅改变。

（1）城市圈规划——地域协调发展规划（SCOT）

地域协调发展规划是为确定中长期区域内整备方针和城市规划目的而制定的
规划。具体来说，在从城市规划、居住、经济开发、交通、环境上可以作为一个
整体来考虑的区域，以居住的社会平衡性、社会融入、公共交通、商业设施为对象，
以维持城市空间与自然空间、乡村空间的平衡为目的的可持续发展规划。该规划
通过制定《整备与可持续开发发展规划（PADD）》设定城市规划公共政策的各
项目标，进而制定地域协调发展规划有关未来城市圈整备的综合方针。

其主体为市镇间广域行政组织及包括市镇在内的综合事务工会，为保证规划
持续有效，制定主体的存续被设为必要条件。

地域协调发展规划区域以上年制定的《地域规划与可持续发展指导法》中规
定的都市圈规划为主。在推进城市功能完善及交通、工业、商业、社会融入方面，
以城市圈规模角度进行探讨为宜，《地域规划与可持续发展指导法》中定义了都
市圈的规模："包括人口在 15 000 以上的中心城市在内的和人口在 50 000 以上
的城市地区"。继《地域规划与可持续发展指导法》公布两周后公布的《强化促
进城市间合作法》中规定了其城市圈主体。设立新的城市圈共同体，对现有的广
域行政组织进行整合，将有独立财政来源的市镇间广域行政组织统合为人口在 50
万以上的大城市圈共同体、包括人口 15 000 以上的中心城市在内的人口 5 万以
上的城市圈共同体、对人口没有要求的市镇共同体 3 部分。基于这两部法律制定
了城市合作和再生的相关法律。也就是说，在生活圈、经济圈一体化的城市圈设
置拥有权限和财政来源的市镇间广域行政组织，由该组织制定作为广域城市规划
的地域协调发展规划被认为是理想的方式。

同时，该城市圈也是国土整备体系相关城市圈合同圈域，所以，被认为类似
于地域协调发展规划的《整备与可持续开发发展规划》和作为城市圈合同基础的
城市圈项目（FNAU，2000）。

另外，因地域协调发展规划被定位为同一城市圈的住宅规划、交通规划及商

业规划的上一级规划，所以赋予其确保这些规划与地域协调发展规划相协调的义务。作为下一级规划的地方城市规划，也需要与地域协调发展规划相统一。因此，地域协调发展规划作为规划体系的核心，可以进行纵向或横向的调整（图33）。

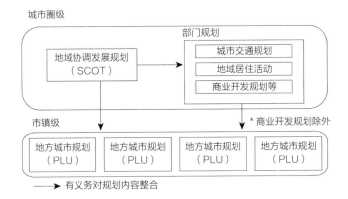

图 33　地域统合规划相关规划关系图

　　为了鼓励制定地域协调发展规划，规定了都市化的限制原则[1]。即距离人口5万以上的城市15千米以内的市镇如果没有地域协调发展规划，原则上限制其城市化[2]。事实上，之前没有地域协调发展规划的市镇中，也有很多在努力推进制定地域协调发展规划[3]。

　　除此之外，还提出了制定手续的民主化等。对于最终规划方案，第三者有权听取判定其公益性的公开意见；在规划方案制定过程中，有义务设置公开讨论的组织；居民可以参与规划制定的整个过程。

①参考《建筑可能性的限制》，如果没有地方城市规划（曾经的土地占用规划），原则上，只有已实施城市化的地方才可以允许建筑修建。
②没有地域综合规划时，对各市镇制定的地方城市规划中规定自然区域及城市化预定区域进行城市化开放时，可以改变或修正地方城市规划。
③截至2007年1月1日，地域综合规划的制定情况为：已批准27件、制定中263件、已批准的基本规划（SD）83件。占人口比例为61%，占面积比例为33.5%，占市镇数比例为43.7%。

（2）市镇级规划①——地方城市规划（PLU）

之前的土地利用规划是为了对不断扩大的城市进行调控而制定的土地利用文件，与此不同的是，地方城市规划的目的是构建市镇未来规划蓝图，并制定规则使之得以实现。同样，将《整备与可继续开发发展规划（PADD）》作为文件之一，与市民共享市镇发展方向与未来形象。因此，地方城市规划（PLU）是更加国际化视角下的规划。除此之外，规划中还包括了作为土地利用区分变更、事业性城市规划的协议整备区域城市规划、容积率规制（COS）及废除超额分担金制度。

（3）巴黎大区基本规划（SDRIF）

包括巴黎及巴黎周边区域在内的巴黎大区（IDF）是最早受到城市化影响的地区，从很早以前就制定了以规范城市规划为目的的规划制度。现行规划基于1983年制定的巴黎大区基本规划（SDRIF）制定。该规划在保证巴黎大区国际地位的同时，以抑制城市扩大人口增加、空间利用为目的，明确了修正巴黎大区空间、社会、经济发展的不均衡，协调区域交通，保护农业和自然区域的实施手段，以确保可持续发展条件。

巴黎大区作为首都圈对法国的广域发展很重要，长久以来其规划的制定权由国家持有，1995年根据《地域规划与发展指导法》其制定权转移至巴黎大区，但批准需要经过大区议会的同意，经中央政府审议，最终由总统决定行政立法。

2004年，巴黎大区首次作为制定主体实施了规划制定。之后与多方相关主体进行调整，于2008年9月，在巴黎大区议会上通过了新的巴黎大区基本规划。但由于政治对立②，到2009年9月为止，仍没有通过最终审议和行政立法。

4. 斯特拉斯堡地区地域协调发展规划

1）斯特拉斯堡城市圈概况

斯特拉斯堡城市圈位于法国东部，与德国接壤。作为该城市圈中心城市的斯

---

①作为市镇级规划，有市镇规划图（Carte communate），主要规定可以实施建设的区域和不能实施建设的区域，而不是制定城市规划的规则。建筑可能性限制原则适用除外，可以看出拥有土地占用规划权的地方市镇在SRU法实施后选择市镇规划图。

②法国政府是以尼古拉·萨科奇为首的右派政权和巴黎大区州议会左派政权。

特拉斯堡市，人口 273 000，面积 78.26 平方千米，是法国第七大城市。斯特拉斯堡城市圈共同体以斯特拉斯堡市为中心，由 27 个市镇构成，人口 467 000，面积 315.93 平方千米。斯特拉斯堡地区地域协调发展规划以斯特拉斯堡城市圈共同体为中心，包括 10 个市镇共同体及 6 个独立市镇，共计 139 个市镇（人口约 60 万，面积约 1100 平方千米），几乎覆盖了整个斯特拉斯堡城市圈[1]。

2）制定主体

在斯特拉斯堡地域协调发展规划区域，包括市镇间广域行政组织和市镇，作为其规划制定主体，于 1999 年 3 月 25 日成立了斯特拉斯堡地区地域协调发展规划综合事务工会[2]（以下称"斯特拉斯堡综合事务工会"）。1999 年 6 月 1 日成立了作为决议机构的工会评议会，从市镇广域行政组织和市镇议员中选出了议会长和 50 名议员。

另外，设置了由事务局长及其他两名成员组成的事务局。其成员不是以各市镇或市镇间广域行政组织职员外派或兼任，而是雇用的处于中立立场的职员事务工会职员。

3）规划内容

斯特拉斯堡地区地域协调发展规划由"地域协调发展规划概述""整备与可继续开发发展规划（PADD，图 34）""总体方针文件""说明报告"4 个文件构成[3]。在制定发展规划中，以将斯特拉斯堡作为欧洲的新中心城市，城市圈内的均衡发展，资源保护、开发、活用作为区域整体整备方针的"3 根柱子"。在总体方针文件中，将整备方针具体总结为以下 9 个项目：①城市空间的重组，②自然空间和名胜地的保护，③城市空间和自然空间的协调，④住宅建设，⑤公共交通网周边城市化，⑥鼓励经济活动，⑦景观保护，⑧防灾，⑨大型项目。

---

[1] 占人口的 95% 及面积的 79%。

[2] 在该团体中，根据各成员的分担金额，承担事先规定好的工作。不仅有市镇，还有市镇间广域行政组织，大区、州等不同级别的地方公共团体及工商会议所等其他公共法人构成的团体。但地域综合规划的制定主体——混成事物组合只能由市镇间广域行政组织构成。

[3] 在城市规划法典中，规定了除《地域统合规划概述》外的三个义务。《地域统合规划概述》是任意文件。

图 34　整备与可持续的开发发展规划（PDAA）（笔者根据斯特拉斯堡地域协调发展规划绘制）

图例：

在欧洲中心
- 法国高速铁路
- 斯特拉斯堡站
- 机场
- 港口
- 东西轴线发展

均衡发展
- 城市中心的发展
- 城市站点作用强化
- 斯特拉斯堡中心的站点城市作用强化
- 与斯特拉斯堡中心相邻地区的居住和服务的发展

公共交通网的优先发展
- 有轨电车
- 延长有轨电车
- 轮胎型有轨电车
- 有专用交通轨道的公共交通工具
- 新公共交通网

完善受限的新设道路
- 规划中的高速公路网
- 城市圈公交车道
- 奥贝尔奈地域与拉尔地域连接轴

国土资源的保存、发展、赋值
- 保护自然遗产
- 城市圈的绿化带
- 剩余空间的开发
- 保护农业空间
- 规划区域外的据点
- 区域边境线

作为城市化方针，优先将 14 个城市化区域作为"站点城市"。将已经发挥了中心城市的作用，且必要的公共设施和服务也达到了某种程度的市镇选为"站点城市"，通过在这些"站点城市"设置公共、公益设施，进一步强化站点城市的作用。

在建设住宅方面，为解决人口增加带来的住宅不足问题，决定在 10 年内为 4 万户居民提供住宅供给。现在斯特拉斯堡所在下莱茵省的大部分社会住宅均位于斯特拉斯堡市或斯特拉斯堡城市圈共同体内，为解决这一住宅不均衡问题，以分散斯特拉斯堡社会住宅为目标，计划在斯特拉斯堡市内建 9000 户，在除斯特拉斯堡市外的斯特拉斯堡城市圈共同体内建 18000 户的住宅，在斯特拉斯堡大城市圈共同体外建 13000 户。在斯特拉斯堡内，通过现有住宅的修建和由其他用途的房子转变为住宅的方式提供住宅；在斯特拉斯堡大城市圈共同体内，通过城市再开发和推进城市化建设住宅；在斯特拉斯堡大城市圈共同体外，在地方站点城市和公共交通发达的地区建设住宅。

在交通方面，旨在减少驾车出行，鼓励使用公共交通及自行车出行，特别是限制驾车从完全没有公共交通网络建设的斯特拉斯堡大城市圈以外地区进入斯特拉斯堡，重点关注交通管制。具体来说，以站点城市为中心优先完善拥有专用车道的公共交通网，通过完善这些地区的公共交通网，在公共交通较为发达的地区优先开展城市化。另外，在道路建设方面，为减少通过斯特拉斯堡市的汽车数量，计划在其周边设置支路。

在大规模商业设置配置方面，超过 6000 平方千米的大规模商业设施仅允许在城市商业中心设置，若非城市商业中心则维持现状，规定不允许在非城市商业中心设置大规模商业设施①。

如此，以广域为对象，可以实现在不产生城市扩张的情况下保护地区生态自然环境，在城市圈内协调住宅和商业设施，有计划地促进社会发展。另外，在遵循区域完善方针的基础上，再次判断可以开展城市化的地区和需要保护的自然地区，确保城市圈土地使用的整体一致性。

4）从规划制定过程看共识达成方法

在斯特拉斯堡地区地域协调发展规划的制定上，有多方相关主体的参与。根据法律规定，由国家、大区、县、区域内市镇、专家、地区内协会代表等从初始阶段开始参与规划制定。例如，在制定说明报告时，需要对斯特拉斯堡

---

① 事实上，与地方站点城市相连的市镇从斯特拉斯堡地区统合规划制定前开始就开始讨论设置大型商业设施的可能性，但以不适合地方站点城市为由未被批准（冈井、大西，2009）。

综合事务工会议员及市镇长进行问卷调查。另外，在多地成立由斯特拉斯堡综合事务工会议员、市镇长、相关机构代表、专家组成的 5 个不同领域的委员会和 4 个不同主题的委员会。在制定整备与可持续开发发展规划和整体方针时，由斯特拉斯堡综合事务工会议员及市镇长、相关机构代表组成为期两年的工作小组。在此基础上，召开由居民代表构成的地区协会和经济界代表构成的工作分会（冈井、大西，2006）。

由非特定的多名居民召开三期公开讨论会及展示会。第一期（2002 年 11 月至 2003 年 4 月）分别在 7 个地方召开了公开讨论会，在 14 个地方召开了展示会。第二期（2003 年 9 月至 2003 年 11 月）在欧洲模范市展出并在两处召开了公开讨论会。第三期（2004 年 11 月至 2005 年 3 月）分别在 5 处召开了公开讨论会，在 14 处召开了展示会。另外，还进行了宣传杂志的发行、张贴宣传海报和发放宣传单、设置记录规划方案的"意见本"、建立网站信息主页等。

在听取多方相关部门意见的基础上，于 2005 年 3 月 21 日在工会评议会上通过了最终规划方案。之后经过听取相关机构意见和公开意见后，斯特拉斯堡地区地域协调发展规划从第一次工会评议会开始历经 7 年，最终在 2006 年 6 月 1 日被正式批准。

5）斯特拉斯堡地区地域协调发展规划的反馈与评价

斯特拉斯堡综合事务工会除了制定规划方案外，还被赋予了规划后期反馈追踪与评价职能。地区地域协调发展规划的内容通过交通规划、住宅规划、地方城市规划等下一级规划的实施来实现。因此，为了时常把握这些下一级规划内容，以斯特拉斯堡综合事务工会议员为主，在工会内设置了多个由区域内市镇、省、大区、协会等相关部门构成的委员会。以地方城市规划为例，将规划制定主体邀请至委员会并讲解规划内容，在斯特拉斯堡地区地域协调发展规划和地方城市规划的相关人员之间进行多次讨论，在保证地区地域协调发展规划与地方城市规划统合性的同时，建立使地区地域协调发展规划内容切实实施的组织。

另外，为防止规划空壳化、形式化，规定从规划批准开始 10 年内进行地区地域协调发展规划的分析评价。根据评价结果，必须决定维持现有规划或进行修改，否则规划视为无效。因评价需要时间，从地区地域协调发展规划的实效性考虑决定实施何种评价需慎重。

本节参考文献

[1] 岡井有佳，大西隆. フランスの広域都市計画手続きにおける合意形成手法に関する研究 [C]. 日本都市計画学会計画論文集 No.41~1. 社団法人日本都市計画学会，2006:43-48.

[2] 岡井有佳，大西隆. フランスの広域都市計画がもつ調整機能に関する考察 [C]. 日本都市計画学会論文集 No.44~3. 社団法人日本都市計画学会，2009: 619-624.

[3] 鎌田薫. 都市計画・土地利用規制法制の論理と構造 // 渡辺洋三，稲本洋之助. ヨーロッパの土地法　現代土地法の研究下 [M]. 岩波書店，1983: 121-149.

[4]Conseil d' Etat. L' urbanisme:pour un droit plus efficace, La documentation Francaise [Z].1992.

[5]DATAR.Les villes europeennes, La documentation Francaise [Z]. 2003.

[6]FNAU.Apres les lois Voynet , Chevevement, SRU:les reflexions de la FNAU sur le nouveau context du deceloppement territorial, Dossier FNAU No.6 [Z]. 2002.

[7]Jacquot, H. et Priet, F.Droit de l' urbanisme 5e edition [M].Dalloz, 2002.

6.3
德国广域规划

濑田史彦

1. 德国空间规划的潮流

与其他国家相比较，固定、严谨是德国空间规划制度的特征。以后面即将介绍的城镇"规划高权"为中心，主要以州和城镇间明确且详细的权限分配为基础，将相关主体意愿调整后总结的内容以文件和图纸的方式落实在规划上。如此制定的规划制度以地区详细规划为首，内容明确且有可实施性，在日本城市规划专家中有很高的认可度。如果说得稍微夸张一点，称为仰慕也不为过。

但在德国国内和欧洲，对于德国空间规划似乎有各种不同的讨论。随着近年来全球化和随之而来的经济、社会结构的重建的影响，这种固定、严谨的规划体系被认为缺乏快速应对能力，也有意见称希望采取更动态、适应性强的规划制度。另外，欧盟对其成员国地域政策的内容和地域规划制度本身有较大的影响力，例如，促成导入战略性环境影响评价（SEA，德语中称 SUP）。但对于已经拥有高度体系化规划制度的德国来说，其益处没有多到可以将其反映在政策变化上。另外，原民主德国五州在 1990 年后开始实行原联邦德国的政策，但由于人口急剧流失和市场经济化的影响，为了适应新的规划制度，至今仍在进行各种尝试。

在这种背景下，德国空间规划制度中广域规划的定位实际上与日本没有太大区别。其目的都是为了应对不断扩大的城市圈、生活圈，实现小规模自治体公共服务，相邻自治体间的调整等，这些是国民经济由成长期向成熟期转变的国家都会经历的问题。

但就内容来说，德国的广域规划比日本实现得好得多。在日本，广域规划本来就很少。都道府县和市町村建的综合广域行政相关法律、制度不健全，因依存于首长间的关系，所以不稳定。与此相对，德国的空间规划制度在横向、纵向上的权限分配和调整方法都很明确，体系整体结构紧密，广域规划也在其中，实效性很强。

下文将结合上述内容，以广域规划为前提，俯瞰德国空间规划制度整体，说明其广域规划制度，之后以斯图加特城市圈为例，介绍其内容和功能。

2. 德国空间规划制度

1）基本自治体结构

德国地方行政制度大致分为联邦、州、县、乡镇 4 个级别（表 13）。图 35 中德国制度体系的特点是州和城镇的自治权大，联邦仅负责调整其权限。

就联邦和州的关系来说，立法权主要由联邦持有，土地法，住宅、交通等相关法律由联邦和州共同制定。另一方面，行政权主要由州持有，联邦拥有的行政权仅限于外交和国防等。

各州设有州长、掌握各行政事务的州部长及州议会，可以自行制定各领域法律，州和联邦平分所得税等主要税收，所以财政来源较多，是拥有一半国家体系的行政组织。因此，各州包括规划制度在内的制度和组织体系有很大不同。

表 13　德国政府、自治体规模

项目		联邦	州		城市自治体	县	乡镇
			州	城市州			
数量		1	13	3	112	301	102 227
人口	最大值	8222 万人	1793 万人	343 万人	123.5 万人	112.6 万人	—
	平均值		586 万人	195 万人	23.5 万人	18.6 万人	0.46 万人
	最小值		103 万人	66 万人	3.6 万人	5.2 万人	小于 100 人
面积	最大值	350 104 平方千米	70 552 平方千米	891 平方千米	405 平方千米	3058 平方千米	—
	平均值		20 311 平方千米	683 平方千米	148 平方千米	1131 平方千米	27.9 平方千米
	最小值		2568 平方千米	404 平方千米	36 平方千米	222 平方千米	—

注：2007 年底的数据（城市自治体、郡，最大值、最小值是 2002 年底的数据）（statistisches bundesamt Deutschland statistisch jahrbuch 2004，同 "2009" 笔者绘制）

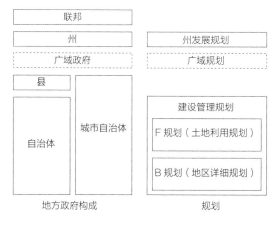

图35　德国地方政府和规划体系

县负责作为基本法定事务的社会保障，道路（县道），住宅建设推进等和作为任意事务的供水、中学、医院、育儿所、老人院、排水等。县没有征税权，设有相当于议会的县会，由代表县的县委员会构成（稻泽克祐，1999）。各州，县长的选任方式、县长和县会的关系、县委员会的任务等各不相同。另外，对于人口规模大的不隶属于县的城市自治体来说，它的事务既包括县也包括乡镇。

城镇被称作"Gemeinde"，既可以是不包括上述城市自治体的城镇（小规模基础自治体），也可以是包括城市自治体在内的整个基础自治体。包括城市自治体在内的城镇的法定事务有社会援助、道路（城镇道路）、小学、消防、土地使用等规划，任意事务有垃圾处理、下水道、完善公园设施等。另外，还有保健所、户籍、居民户口登记簿等根据州指示来实施的事务，这些占城镇事务的四分之三（稻泽克祐，1999）。就城镇结构来说，根据其所属州的不同，市领导、市议会（评议会）等结构和权限也大不相同。

除此之外，对于特别是学校、消防、上下水道、土地使用规划的制定等小规模城镇难以单独实施的业务，及公共交通工具的运营、城市圈的工业政策等便于在广域范围内实施的业务，大多通过城镇合作、地域合作，由自治体共同实施（森川，2005）。这些相关的制度在各州和各合作组织的业务和权限上有很大不同。小规模城镇合作时，制度类似于日本广域联合及过去的全部事务工会、职场事务工会等，实质上大部分行政业务是共同实施的。但近年来出现了很多包括大城市在内的广域城镇合作的实例，在共同处理的事务上也有很多不同。

2）州规划及中心地区、开发轴的设定

在德国由州实施的政策相当于在日本大部分由国家实施的政策。在规划体系上，一般认为不存在联邦级的国土规划，除了一部分大规模基础设施完善规划（联邦交通道路规划）等，州规划位于最高一级。

州规划法由名称为州发展规划、州发展项目、州规划等一个阶段或两个阶段构成，均为包含地域开发、土地使用、基础设施完善的具体内容在内的综合规划，也大致符合当地发展要求。

如图 36 所示，在德国各州及下级规划中，有两个重要概念：中心地区和开发轴的设定。德国规划概念中的"中心地区"是指所有被指定的应开发地区（大致为城镇等行政单位），对于各种基础设施（学校、医院等）来说，是规定应在哪个区域建设多大规模设施的重要方针，同时对于民间开发行为来说，也是规定应在哪个区域建设多大规模设施的重要方针。在中心地区，根据其规模有高级、中级、低级三个阶段，在更大的中心地区，有规划设置大规模的基础设施（广域医疗设施等），同时也是允许进行大型量贩店和大规模住宅开发等管理规划的重要基准。中心地区的设定基本上会考虑代表城市规模的人口和各种基础设施服务提供范围等，所以会根据地理条件和州的制度来设定，基本上以非常均衡分散的形式来设定。至于开发轴，简单来说就是连接中心地区的线，与中心地区相同，其对基础设施建设的优先顺序和上级政府发放的补助金多少有很大影响。

原则上，中心地区规模越大，越优先在连接这些中心地区的开发轴上进行大规模基础设施建设。根据中心地区和开发轴的设定，保证了德国整个国土上平等且高效的基础设施的建设，防止农村地区人口的流出，进一步防止自治体负担增加带来的社会秩序紊乱（德国建筑研究所，2001）。

州（及广域政府）拥有中心地区的设定权。特别是州除了在大城市等大规模的中心地区的指定外，还在中小规模中心地区的指定基准的设定、各中心地区应具备的条件等内容制定方面拥有很大权力。

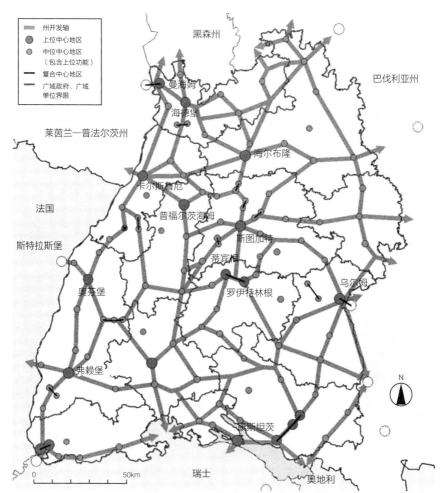

图 36　巴登－符腾堡州发展规划的中心地区和开发轴（自出：LANDESENT WICKLUNGS PLAN 2002 BANDEN-WÜRTTEMBERG）

3）基础自治体的土地使用规划和规划权

另一方面，关于土地使用的基本权限主体是基础自治体。

在德国基本法中，与人事高权、财政高权相同，规划高权是城镇自治的基础（广渡清吾，1993），一般解释为"有关土地的基本权力属于城镇"。自治体通过规划权制定建设管理规划，其由土地使用规划和地区详细规划构成。其中，土地使用规划决定市域整体上土地如何被使用，是体现土地使用整体情况的行政规划，与直接规定土地使用的地区详细规划不同，它在从大局上联系决定城市圈结构的州规划、广域规划上有重要作用，原则上不能通过该规划来分别规定具体的建设项目。土地使用规划通过对整个自治体进行详细的区域划分，明确规定可开发区域和可开发程度，进而规定各自治体的城市结构。土地使用规划基本上仅限于显示与土地使用相关的规划内容。虽然在日本，各市町村也有制定规划的义务，但基于这种方式的综合规划目前在德国的市镇没有采用，所以大部分情况下土地使用规划对于市镇行政整体来说，实际上是最综合的规划。多个小规模市町村共同制定或以郡为单位共同制定的情况也很多。

另一方面，在上级规划中制定高速公路、州道、铁路、发电站等社会基础设施建设的配置上，联邦和州拥有其决定权，优先考虑联邦和州的规划意图。另外，当有可能对相邻市乡镇和其他关系主体产生影响时，必须与这些规划主体一起进行规划调整。

4）广域联合的结构和广域规划

如上所述，德国空间规划体系的基础是根据制定权限，由州制定州规划，由基础自治体制定地区详细规划。在州规划和地区详细规划之间，广域规划（又称作广域地方规划、地域规划等）是最具灵活性和多样性的规划体系。在联邦地域规划法（ROG）中，除要符合国土整备目标规定外，没有其他限制，广域规划的名称、制定主体、规划权限、规划手续等均由各州规划法规定。

各州一般将规划制定主体分为州政府自身制定详细的州发展规划和自治体（村、都市自治体）及郡组成的联合组织制定规划，但这两种情况下的参与主体都是拥有制定广域规划权限的州和拥有规划权的市镇。当州作为规划主体时，在自治体（和其他的相关组织）参加的情况下将州发展规划分解到自治体；当自治体作为规划主体时，自治体联合收集各自治体（和其他的相关组织）的意见，并在完全预测其与州发展规划的整合性的基础上进行规划制定，规划内容和手续通常需要经过州批准后发挥效力。

广域规划的内容可以理解为州发展规划的迷你版、地域版，文章和图示分为中心地区、发展轴、土地使用概要等。就联邦和州各部门规划来说，与之前介绍过的州发展规划一样，一般如实记录规划完成情况。在面积较大的州，州整体的规划较笼统，通过广域规划制定更加详细的规划，同时规划出小规模的中心地区和发展轴等。通过调整各市镇的纤细规划与土地利用规划的统一性来反映州和广域级别的土地利用目的。

另外，与限制开发活动相关联，从广域的观点出发，尝试给各市乡村分配合理的开发量（住宅户数和商业建筑面积等）。在这种情况下，根据各州法律对广域规划的限制不同，广域规划的土地使用规划约束力也不同。

3. 斯图加特案例

1）斯图加特的特色地域建设

下面以位于德国西南部的斯图加特大都市圈为具体实例，简要说明各级别政府和规划在地域建设中所起的作用（图 37）。如前所述，德国广域规划制度的特征是层次多且各州差异较大，该案例可以便于我们理解这些典型特征。

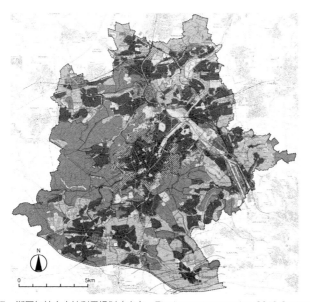

图 37 斯图加特市土地利用规划（出自：Flächennutzungsplan 2010 Stuttgart）

斯图加特市约有 60 万人口，以奔驰和保时捷为首的汽车产业、博士等家电、高科技产业等制造业十分繁荣，相当于日本的浜松市。在德国统一及欧盟成立等形势下，以斯图加特市为中心的巴登 – 符腾堡州与巴伐利亚州一样，保持了地域的经济稳定，现在仍然是德国经济增长率较高且最富有的地域。

在地域建设方面，斯图加特市有很多具有特色的政策及事业。

斯图加特市中心部属于盆地，易受工厂及汽车尾气等空气污染影响，"城市通风道"是保护斯图加特市中心城市环境的建筑、土地利用政策。另外，斯图加特市中心地区地势坡度大，可利用的开发土地少，通过建设被称为"U 形绿化带"的大型公园保持良好的环境。

斯图加特市市内公共交通和德国其他城市一样，主要由轻轨、地铁和公共汽车构成。"汽车之城"斯图加特市的汽车化发展程度高，这点和日本的地方城市一样，斯图加特市交通联盟成立后城市交通从财务上和运营上得到了很大的改善，是德国的一个先进事例。

在这些城市政策之下，与同规模的日本城市相比，斯图加特市的中心市区繁华得多。尽管德国法律对零售业周末营业有严格限制，在周末也有很多人在去活动会场、美术馆、歌剧院、芭蕾剧院的路上还不忘边走边欣赏橱窗陈列的商品（图38、图39）。

图 38　贯穿城市中心的街道

图 39　中心商业街

另外，在城市间交通方面，有必要了解斯图加特市在整个德国及欧洲的地理位置。就其在德国的地理位置来说，斯图加特位于法兰克福和慕尼黑的连接线上，沿线有高速铁路、高速公路及机场。纵观整个欧洲，斯图加特市位于从法国巴黎到意大利米兰，再经地中海各国到奥地利维也纳，再到东欧各国的连接线上，具有重要的地理位置。斯图加特市在整个欧盟交通政策（1996年完善欧洲交通铁路网构想等）的基础上，将高速化及欧盟各国间的高速铁路（德国ICE、法国TGV等）建设列入规划中。斯图加特市正在推进包括新站建设、铁路建设的高速化、机场延长线建设在内的"斯图加特21"项目组来提高其作为圈域中心城市的地位，以应对整个欧洲交通网的发展（图40、图41）。

图40 目前的中央站

图41 斯图加特21模型展示

另外，支持以斯图加特大都市圈为中心的产业集成发展的是史太白财团。史太白是通过大学、研究所拥有的人才和技术支持为生产汽车及家电等的大型企业提供零件的中小企业的技术转移机构。以史太白技术中心为窗口，企业支付一定费用，向大学的研究人员寻求技术开发支持，委托其进行研究开发，这样可以有效利用大学和研究所的知识和经验。目前史太白财团的规模已经扩大到全世界范围，日本也有分公司。

2）明确地域建设的责任归属

德国地域建设的特点是以州（有体制决定权和多数预算）和基础自治体（有主体性、排他性权力）为主，单独或联合开展各种活动。

在上述的事例中，斯特加特市拥有土地利用规划权和规则制定权。斯图加特市承担主体责任，基于土地利用规划进行规划制定，从而制定各种规则并进行诱导，例如在考虑绿色带及城市通风道的基础上进行建筑制约等。市政府相关部门在以市中心为区域中心的盆地模型分析及近年利用电脑模拟实验进行规划制定上发挥重要作用。在进行"斯图加特21"这样的大规模开发时，不仅是开发通过与否，在具体的开发规划实施上，也必须经过拥有土地利用、建筑规则制定权利的斯图加特市的同意。不论是制定广域规划的州，还是实际实施开发项目的民营企业，都将此作为规划的基本原则。

另一方面，在地域建设的大框架设定、产业振兴及大规模项目等对广域有影响力的事业、政策上，斯图加特市远远超过巴伐利亚州。在成立、运营史太白财团上，不单是财团自身的运营，在与大学的合作体制上，州有很大的权限调整放松对兼职的限制，促进产学合作发展。其现行体制在20世纪80年代后期在世界范围内被广泛认可，其理事长作为州技术转移部长深入参与州政策的制定，顺利实现了与大学合作体制的调整。

另外，基础自治体拥有土地利用规则制定的权力，州通过州规划从广域角度间接地进行开发和保护。即使扩大城市圈范围，如果周边的小规模自治体不符合城市圈规模，则也会通过州规划中心城市的设定对其开发进行阻止。由此，可以保护城市圈整体的构造平衡，使得小型、可持续的城市建设在各自治体内成为可能。

3）斯图加特广域联合及广域规划

城市建设的基本方针以州和自治体为中心展开。但有的郊外自治体规模较小，实际的行政运营大多是将多个城市自治体外的乡村联合起来作为共同行政事务单位。

在斯图加特大城市圈，为制定扩大后的大城市圈整体规划，成立了由斯图加特市及隶属周边5县的178个自治体（人口为267万，面积为3700平方千米）参加的斯图加特广域联合（VRS），进行广域政策制定实施（图42）。

该广域联合的最高决定机构为广域联合议会，同统一地方选举一样，由斯图加特市及周边5县的选举区直接选举，每五年选出100名左右的议员。行政运营实行由议员互相选举产生的广域联合议长，以及由议会指定的8年任期承担实际运营的特别公务员广域联合理事双领导管理体制，专职人员约50人。

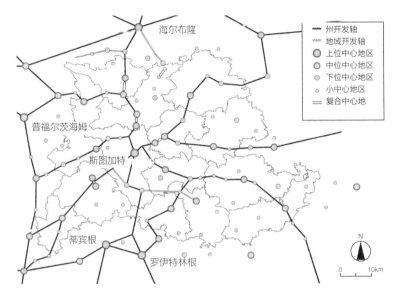

图 42 斯图加特广域联合结构规划（中心地区等）（出自：Verband Region Stuttgart，REGIONALPLAN，22.07.2009）

本节参考文献

[1] 稲沢克裕.ドイツ編 // 竹下讓監修.世界の地方自治制度 [M].イマジン出版，1999.

[2] 広渡清吾.都市計画と土地所有権—「建築の自由」の検討（第一部ドイツ）// 原田純孝他.現代の都市法ドイツフランスイギリスアメリア [M].東京大学出版会，1993: 54-76.

[3]Bundesamt fur Bauwesen und Raumordnung.Spatial Development and Spatial Planning in Germany[Z].2001.

[4] 森川洋.ドイツ市町村の地域改革と現状 [M].古今書院，2005.

[5] 瀬田史彦.概説: ドイツの土地利用計画体系テユーリンゲン州マイニンゲン町の事例 [C].都市計画報告集 No.4~2，2005:13-18.

[6] 廣田良輔.シュツットゲルトに学ぶ公共交通を中心とした都市発展施策 [J].運輸と経済，2008（68-1）.

[7] 三村，床尾.EU 環境政策による総合的な交通まちづくりの実際（シュツットゲルト）[J].コミュニティ政策研究，2009（11）.

[8] 斯图加特广域联合（Verband Region Stuttgart）官网 http://www.region~stuttgart.org，2009.

[9] 史太白基金会（Steinbeis Stiftung）官网 http://www.stw.de，2009.

[10] 斯图加特市土地利用规划（Aktueller Flachennutzungsplan 2010 der Landedhauptstadt Stuttgart）官网 http://www.stuttgart.de/item/show/146000，2009.

[11] 巴登 - 符腾堡州发展规划（Landedentwickungaplan 2002 Baden-Wurttemberg）官网（PDF）http://www2.landtag~bw.de/dokument/lep~2002.pdf，2009.

6.4
美国广域规划

西浦定继

1. 美国广域规划体制

美国人口约 3 亿，面积约 930 万平方千米。行政机构由联邦、州（50 个）和地方政府组成。地方政府由县（约 3000 个）、市（约 20 000 个）、郡区（约 17 000 个）、特别区（约 35 000 个）、教育区（约 15 000 个）构成。虽然各州情况不同，但县、市和郡区都有行政长官和议会等。

州政府依据州宪法拥有主权。地方政府基本拥有州宪法规定的权限，所以被称为"州的创造物"，经州议会认可后设立。另一方面，为确保自治体的独立性，自治体通过自治宪章实现自治。自治宪章中的自治体运营相关规定有相当一部分经过州宪法认可，征税权等财政方面事务则由州宪法进行详细的规定。但也有通过居民提案和居民投票控制财政的例子。

基本上地方政府是提供公共服务的主体。但各州的地方政府形式各不相同，对其业务形态难以一概而论。县的一般事务包括司法机关事务，一般福利、道路、教育、保险、娱乐、城市规划等相关事务；市的一般事务包括上下水道、保健卫生事业、道路、社会治安、消防、教育、福利、城市规划等相关事务；特别区的一般事务包括下水处理、港湾、机场等相关事务。

就地方财政来说，公共服务的实施主体是地方政府，其税收的 70% ~ 80% 是财产税（即固定资产税），第二位是零售销售额税，占比 10%；另外还有个人所得税、法人税等。但由于各州历史、政治、经济、社会情况等不同，不能统一规定。

从上述的事务形态和财政状况来看，公共服务财政来源基本上是财政收入。因此，从受益和负担的角度来看，纳税居民会对城市管理和城市规划的实施情况进行严格要求。

2. 美国城市规划发展过程及广域规划

美国的城市规划始于分区规划。洛杉矶市于 1908 年最早实施分区规划条例，之后 1916 年纽约市、1922 年俄亥俄州克利夫兰市相继实施。最为人熟知的是对全市实施分区规划的克利夫兰市分区规划条例。

该条例当时经联邦最高法院裁决，最终将分区规划判为合法条例。分区规划依据规则权限行使行政权，旨在消除土地使用出现矛盾时的不利情况，保护和提高人们在健康、安全等方面的公共福利。特别是分区规划在实施当初，还旨在排除在住宅地上建设商业、工业建筑，通过分区规划保护市的完整性。

分区规划实施后，以新政为契机，政府在经济开发、经济管制、完善社会资本、公共住宅政策等领域的作用逐渐增强，在分区规划的基础上又出现了土地征用。分区规划按照土地用途分类进行土地管理，不仅如此，为了将开发规划落到实处，还需要将私有土地公有化，从公共利益的角度强制性确保土地。此时，如何在基于私有财产权的私有利益和基于开发的公有利益之间取得平衡是一大课题。也就是所谓的"征用问题"（taking），判断依据何种基准的征用和管制符合宪法。Taking 最直接的字面意思就是"征用"。就美国来说，美利坚合众国宪法第五次修正时规定了财产权补偿，即征用私有财产为公用时必须有适当的补偿。但是，这种征用是以确保公共性、维持社会秩序为目的的公共规定，有时不附带损失补偿，所以时常会发生有关公共规定本质的诉讼案件。这个问题直到现在也是关乎美国城市规划的根本问题，在以法律社会著称的美国尤其受到关注。

20 世纪 70 年代初期，城市法学家博塞尔曼和卡利斯提倡"为解决规划中的私有财产权问题，应在规划中考虑土地所具有的社会价值"（Bosselman，1971）。保护私有财产权与市场经济的存在方式密切相关，事实上是当时大城市圈周边的开发管理没有做好。虽然建高速公路和住宅政策对实施郊外化有促进作用，但没有从根本上跨越私有财产权的范围。

博塞尔曼认为，"随着时代的变化，土地的社会意义也随之发生变化。土地不再是单纯的生产工具，人们逐渐意识到与公共利益相关的土地存在方式。如此，单纯的分区规划则不能满足，需要依据上级政府的广域规划进行恰当的土地管理"。在分区规划刚被导入的时代，每个土地所有者以土地利益最大化为目标有效地利用土地，所以没有问题产生，但当土地与土地间的空间关系越来越紧密时，个别的利益最大化最终会导致整体利益受损，即"合成谬误"。为避免产生合成谬误，需要基于广域规划、广域土地利用规划的有序管理。在广域规划中明确定位私有利益与公共利益，明确由规划带来的成本及利益。距博塞尔曼提出该倡议已经超过 30 年，但在最高法院仍时常有征用问题相关诉讼案件出现，成为人们关注的话题。另一方面，我们也可以看到一些广域规划的先进事例，虽然广域土地管理发展较慢，但在逐渐扩展。

3. 太浩湖环保广域规划

本节通过美国太浩湖审判案例探讨私有财产权与规划体系的关系。

1）太浩湖的地理位置

作为规划对象，位于加利福尼亚州与内华达州边境的太浩湖，其范围涉及周边四郡。图 43 所示太浩湖由 2500 万年前的地壳运动产生，水最深约 2000 米，周长约为 120 千米。美国作家马克·吐温曾称赞太浩湖为"地球上最清澈的地方"。这里不仅湖水清澈，周围自然景色也很美丽，甚至有人说这里一旦被污染，恢复需要 700 年以上。然而，1960 年度假村和住宅开发的快速增加，导致水污染加剧。为尽快实施保护措施，以跨越两州的四个郡为规划区域，联邦政府设立了太浩湖广域规划局（Tahoe regional planning agency，TRPA）。太浩湖广域规划局实施了暂时中止措施，

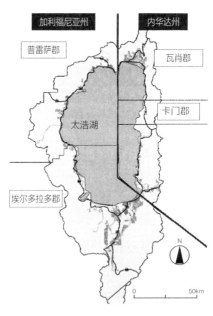

图 43　太浩湖地域

开始制定广域规划，从根本上进行地域环境保护。

2）太浩湖判决过程

围绕太浩湖广域规划的一系列诉讼始于制定 1980 协定时导入的中止开发措施，即暂停批准开发。在此期间制定广域规划，并进行适当的开发控制。第一版广域规划制定于 1984 年，在此之前，有关方面以中止开发侵犯了私有财产权为由开始了征用问题的诉讼。此外，该规划被起诉不具备完全的环境保护功能，联邦控诉法院下令中止 1984 年广域规划。为此，新版的广域规划在 1987 年被制定，该规划同样因征用问题被起诉。总而言之，因无序开发导致包括太浩湖在内的地域自然环境遭受破坏，为解决该环保问题实施了中止开发措施，而诉讼的焦点在于这种中止措施是否就是征用。

从规划的观点来看，太浩湖案例的争论点可总结为以下 3 点：①中止措施的实施时机是否恰当。中止措施实施约三年之久，在这期间，限制开发，当然也产生了经济损失。②谁来承担环保责任。保护环境是人类永续的责任，从这一角度来看，有人认为应该由政府承担，而不是以限制土地开发的方式让个人承担。需要明确责任者，以及保护环境的成本由谁负担。③广域规划体制。有关广域规划体制，虽然没有在判决中直接提出，但与前两点密切相关，认为它们与在中止期间制定什么样的广域规划相关。在规划时需要重视规划目标，比如是制定保护财产权的体制，还是充分完善环保功能。

表 14 总结了判决结果。太浩湖保护协会（Tahoe Sierra Preservation Council，TSPC，下文称"环保协会"）是由太浩湖地区土地所有者设立的团体，以中止开发措施相当于征用起诉太浩湖广域规划局。表 14 中表明了一审内华达州联邦地方法院、二审第九控诉法院以及联邦最高法院的判决结果中胜诉的一方。

太浩湖判决的争论点包括 4 个时期的法律和规划（Tahoe，2002）。时期 1 是禁止部分住宅及商业开发的太浩湖条例第 81-5 法令实施时期，即到 1984 年广域规划制定为止的中止开发措施时期。时期 2 是由于广域规划制定延迟而导致中止开发延长的太浩湖条例第 83-21 法令实施时期。时期 3 是 1984 年中止广域

规划的太浩湖条例第 84-1 法令实施时期。如上所述，推迟制定的 1984 年广域
规划由于没有充分实现环境保护的功能而被中止。时期 4 是 1987 年广域规划被
起诉时期。

表 14　太浩湖判决过程

时间	地方法院 （1999 年）	控诉法院 （2000 年）	最高法院 （2002 年）
时期 1（1981 年 8 月 24 日—1983 年 8 月 26 日）	保全协会	广域规划局	广域规划局
时期 2（1983 年 8 月 27 日—1984 年 8 月 25 日）	保全协会	广域规划局	广域规划局
时期 3（1984 年 8 月 26 日—1987 年 7 月 1 日）	广域规划局	广域规划局	—
时期 4（1987 年 7 月 2 日以后）	广域规划局	广域规划局	—

注：1. 时期 1 为第 81-5 法令的实施时期。时期 2 为第 83-21 法令的施行时期。时期 3 为第
84-1 法令的实施时期。时期 4 为 1987 年规划被起诉时期。
　　2. 地方法院：联邦地方法院。控诉法院：第九控诉法院。最高法院：联邦最高法院。保全协会：
太浩湖保护协会。广域规划局：太浩湖广域规划局。

从规划的观点看这一系列的判决，比较重要的是时期 1、时期 2 的判决。重
点是以制定广域规划为前提历时三年的中止开发措施是否应为私有财产被损害者
提供补偿。一审通过了太浩湖保护协会的上诉，但二审及最高法院判决中止开发
措施不属于征用。

3）判决思路

就中止开发措施是否是征用，判决参考引用了 1978 宾州中央运输公司
案例中的 3 个概念：①限制带来的经济影响（the economic impact of the
regulation）；②对合理的投资预期的干扰程度（the extent of interference
with reasonable, investment-backed expectations）；③行政行为特征（the
character of government action）。当限制伴随物理性损失，明确为征用时，视
为损失补偿的对象。但如果产生的不是物理性损失，而是经济性损失时，则不能
明确是否为损失补偿对象。即使由限制产生了或多或少的经济损失，仍然是可以
继续利用的财产，很难单纯以经济损失判断其为征用。太浩湖案例所依据的审判
法令是第 81-5 法令和第 83-21 法令。这两条法令与一般法令相比，有一个特殊

的地方，即约 3 年时间的中止措施。因限制开发产生明确的经济损失。但在此期间并没有中止财产使用，并且广域规划实施后允许符合规划规定的开发行为。此外，中止开发措施有时间期限，并没有损害土地所有者未来的收益。判决认为，无法判断由法令实施导致所有的财产价值受到损害。行政行为特征是指通过限制要保护什么价值。以公共福利为例，享受其价值的是普通居民，所以公共性较强。在这种情况下，保护价值的成本应由政府负担，而不是通过限制让特定的个人负担。在判决书中假设不实施中止开发措施的情况，讨论限制的必要性。若不实施中止开发措施，那么到广域规划落实为止，即在规划制定期间，因开发申请件数过多，在未充分审查的情况下批准申请，导致无序开发进一步扩大，环境破坏加剧。土地所有者的开发行为仅在这一期间被限制，通过中止开发措施保护公共利益。综上所述，判决认为中止开发措施的行政行为在保护公共利益的意义上是恰当的。

那么，是否可以将此一般化，即"中止开发措施符合宪法"。在判决中表示，一年以上的中止开发措施需要慎重审议（Tahoe，2002）。也就是说太浩湖案例是个特例，其特殊性在于将哪一部分视为特殊与中止开发措施的合法性相联系。

如前所述，中止开发措施的实施时期是到广域规划制定完成为止，但在时间顺序上，广域规划应在中止开发措施之前实施，在这一点来看是矛盾的。但从判决书中对中止开发措施的合法判断来看，是从中止开发措施期间制定的广域规划的体制，即整体框架的合理性来考虑判断的。当然，中止开发措施的实施必须出于合理目的。就太浩湖来说，其目的是抑制环境破坏，最终目的是基于广域规划继续实施环境保护，即不是单纯进行限制，而是将来要建造什么样的地域的未来愿景，为此需要制定合理且公正的规定，这是由太浩湖的特殊性决定的。

4）广域规划的框架

图 44 显示了广域规划的框架结构（TRPA，1987）。从结构上来看，以太浩湖广域规划协定（TRPA，1980）为顶点，其下为环境保护的阈值设定（TRPA，1982）、广域规划目标及政策规划（TRPA，1987）、为达成目标的各种制度的集合——制度法令集（TRPA，1987）。在此之上，通过整合限制法令集将太浩湖地域规划分为 175 个地区规划、总体规划、市规划。以 1980 年协

定为依据，显示了 1987 年的广域规划框架。前面在介绍诉讼过程时说过，1984
年广域规划被中止的原因是环境保护功能不充分。那么这一点如何活用于 1987
年的规划中，从下述两点可以看出环境保护的思路。

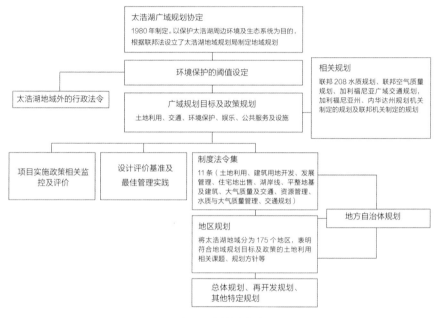

图 44　广域规划框架

第一是设定环境保护阈值。如表 15 所示，在 10 个主要项目后分别进行详细
设定，找出对环境影响最大的项目，设定具体数值或进一步对特性进行阈值设定。
在一般的规划中，环境保护目标的设定大都停留于定性的、抽象的描述，这里用
具体目标值进行设定。考虑到有人担心在整体把握环境保护上目标设定是否充分，
所以通过具体项目分解来表示，这样做的好处是可以让太浩湖地域内的相关行政
机关、非政府组织、普通民众明确理解如何进行环境保护。进一步从物理角度、
生物角度、社会角度、经济角度进行评价。虽然从这 4 个角度得到的评价结果仅
停留在定性描述上，但也表明了从这几个角度充分地进行数值化的、科学的评价
很困难，对在这种局限之下做出环境保护相关的正面、负面评价有重大意义。

第二是制度法令集的发展管理（growth management）（TRPA，1987）。如最初所述，限制法令集是在广域规划框架内，设定环境保护阈值，为实现设定好的目标和政策规划的手段。分为 11 项规定（provision），发展管理是其中一项。发展管理由 9 个项目构成。如前所述，有关广域规划的争论点在于以环保为目的的中止开发措施是否非法侵犯了私有财产权。发展管理规定，受限制的土地具有开发权，该开发权可以转让至其他土地，即通过开发权转让（transfer of development），对开发受限方给予权利补偿。简单来说，开发权的转移机制是对域内所有土地至少给予一户住宅的开发权，并对该开发权进行交易。有三个土地管理系统支持该转让机制：土地容量区域（capacity district）、独立评价系统（independent parcel evaluation system，IPES）、土地整治（land coverage）。土地容量区域是以全体非住宅用地为对象，根据土质、倾斜度等条件分为 7 个等级的系统。独立评价体系同样也是评价土地，但只对指定为住宅用地的空地从 0 分到 1440 分进行打分的系统。土地整治是有关整治权的系统。前两个系统是对土地本身进行评价、管理开发的系统，土地整治系统是为预防开发导致废水排入太浩湖，造成土地污染而行使的权力相关系统。就其与开发权转让的关系来说，即使有环保区域开发权，如果没有土地整治相关权力，也无法进行开发。

表 15　环境保护的阈值设定

对象		阈值具体内容	物理面影响	生物面影响	社会面影响	经济面影响
水质	海上	年平均透明度 28.7 米，冬季透明度 32.4 米	+	+	=	−
	沿岸	藻类碳吸收量：1968—1971 年的水平				
	河川支流	碳、磷、铁、浮游沉淀物相关标准（内华达州）				
	地表径流	现行广域基准				
	地下水	不设定具体数值。目的是： 1. 确保饮用水供给 2. 监控环境保护地域的地下水位低 3. 通过地表径流防止污染 4. 强化监控				
水量	水利	年利用限制：约 4100 万立方米。根据加利福尼亚州与内华达州的约定，加利福尼亚州约用 2800 万立方米，内华达州约用 1300 万平方米	+	+	+	=
	流水	以现行的流水量为基准。避免急速的水量变化。考虑渔业方面的影响				

表 15 环境保护的阈值设定（续表）

对象		阈值具体内容	物理面影响	生物面影响	社会面影响	经济面影响
土壤保护	不渗透性覆盖率	以太浩湖流域湖泊能力分类（bailey, 1974）为基准设定	+	+	=	–
	土壤生产性	设定土地可用于种植的最小流失量				
	土地表层保护	土地利用法令，通过实施法令维护现状				
	河川环境保护区	以环境保护为目的，对开发进行限制。包括限制远足、放牧、骑行等				
大气质量	一氧化碳	8 小时体积分数平均值低于 6×10^{-6}	+	+	=	–
	臭氧	1 小时体积分数平均值低于 0.08×10^{-6}				
	酸雨	太浩湖周边没有该问题				
	远处能见度	50%171 千米可见				
	中近处能见度	50%87 千米可见				
	废气	控制汽车尾气				
噪声	污染源	以飞机、轮船、汽车、摩托车、山地车、雪地机动车为对象设定基准值	+	+	+	=
	累积污染源	作为集中性的、累积性污染源，设定以下关于土地利用的基准值：高密度住宅区，低密度住宅区，宾馆、商业用地，城市休闲用地，农家乐用地				
植被保护	一般植被	保护和增加草地、湿地、河川流域植被	+	+	=	–
	珍贵植被	制定珍贵植被保护管理规划				
	灭绝濒危品种	按照管理规划保护				
野生生物		大鹰、鸬鹚、秃鹰、金鹰、野鹰、水鸟、鹿及其重要栖息地的管理和保护	+	+	+	=
渔业		地域内河川流域的栖息地、湖泊等的管理和保护	+	+	+	=
室外娱乐	未开发地区	通过利用低密度娱乐用地保护高质量环境	=	=	+	+
	湖岸区域	在地域规划中作为保护地域限制开发				
	使用方式、使用密度、能力	确保环境好的未开发区域恰当的公共利用				
	娱乐用地	最大限度地使用现有的娱乐设施，保护田园地域环境				
景观	道路景观	对 46 个地域内道路设定有等级的景观指标	+	+	+	=
	湖岸线	对 33 个湖岸线设定有等级的景观指标				

4. 广域规划与私有财产权

第一，用合理的方式构建规划体系。就中止开发措施的合法性来说，需要以通过科学调查及监控制定的广域规划整体框架为骨架进行判断。中止开发措施有暂时性，如果可以体现中止开发措施结束后各区域的土地，乃至地域整体的未来发展方向，就可以规避制度的随意性。第二，在规划系统中加入机制使私有财产实现最大程度上的认可。例如前面介绍过，设置以开发权转移为主的发展管理规定，对限制对象的土地财产权的损失进行补偿的机制。第三，将环保作为广域土地利用规划的基础。环境保护绝大部分需要跨越行政区域实施，所以需要国家和州的倡议，通过制定广域土地利用规划，努力完成区域内自治体的意见和科学性的信息收集。

本节参考文献

[1] 西浦定継，大西隆.広域計画システムにおける私有採財産権の保護に関する研究：計画論から見る米国最高裁レイクタホ判決の意義 [C].日本都市計画学会都市計画論文集 no.40-1，2004.

[2]Bosselman, F.& Callies D.The quiet revolution in land use control[Z]. Washington, DC., U.S.Government Printing Office, 2009.

[3]Echeverria, John.The Once and Future Penn Central Test [J].Land Use Law and Zoning Digest, 2002.

[4]Penn Central Transportation Co., v.New York [J].438 U.S.104, 1978.

[5]Roberts, Thomas.A Takings Blockbuster and a Triumph for Planning[J].Land Use Law and Zoning Digest, 2002.

[6]Tahoe Regional Planning Agency.TRPA's Land Coverage Systems[Z].1987.

[7] Tahoe Regional Planning Agency. Compact[Z].1980.

[8] Tahoe Regional Planning Agency. Environmental Impact Statement for the Establishment of Environmental Threshold Carrying Capacities [Z], 1982.

[9] Tahoe Regional Planning Agency.Regional Plan for the Lake Tahoe Basin:Goals and Policies [Z]. 1987a.

[10] Tahoe Regional Planning Agency.Regional Plan for the Lake Tahoe Basin:Code of Ordinances, Rules of Procedure [Z].1987b.

[11]Tahoe Sierra Preservation Council v.Tahoe Regional Planning Agency, 535 U.S.302, 122 S.Ct.1465 [Z].2002.

6.5
加拿大广域规划

福岛茂

在加拿大，基于地方分权化和环境意识的提高，需要基础自治体间的平等合作及广域自治政府的可持续广域空间管理。不列颠哥伦比亚省基于基础自治体的平等广域管理进行发展管理，该省将基于广域行政机构（Regional District）的发展管理战略的制定手续制度化。本节将在说明加拿大广域管理及发展管理制度特征的基础之上，简要说明大温哥华地区发展管理的政策经验[①]。该地区广域行政机构和广域交通公共事业公司合作实现广域规划备受瞩目。

1. 不列颠哥伦比亚省广域管理和发展管理制度

1）不列颠哥伦比亚省广域管理

不列颠哥伦比亚省的广域行政通过广域行政机构实施。1965 年地方自治法修正，在此基础上将广域行政机构制度化，该省共有 29 个广域行政机构。广域行政机构由地理位置接近的基础自治体设立，主要有以下三个作用：①广域行政相关的协议、规划、实施；②提供广域服务；③发展管理（Province of B.C., 2000）。广域行政机构虽然拥有独立的行政组织，但没有通过直接选举产生的首长、议员，其决策由基础自治体等的代表组成的评议会（Board of Directors）实施。在这种组织特点的背景下，其广域自治不会超越基础自治体权限范围，其决策一般也是基于基础自治体的综合意见。

[①]加拿大大城市圈除了本书中所述的大温哥华地区外，还有多伦多大城市圈、蒙特利尔大城市圈、渥太华大城市圈，其广域管理制度各不相同。蒙特利尔在 2002 年合并了 28 个基础自治体，承担广域行政的蒙特利尔大都市就此成立。多伦多在合并大多伦多地区基础自治体后成立新多伦多市，拥有超过新市的广域圈，大城市圈管理课题仍未解决（林上，2004）。不列颠哥伦比亚省以由基础自治体组成的广域行政机构为基础，实施广域管理，本节探讨了其政策经验。

2）不列颠哥伦比亚省广域发展管理

不列颠哥伦比亚省广域管理政策，是广域行政机构通过与基础自治体及相关机构协议设定地域未来蓝图，将其体现在地方自治体规划及州政府开发规划中，并使之得以实现。在省广域发展管理法（第 25 部省、地方自治法）中规定了广域发展管理战略（Regional Growth Strategy）。该法律在广域行政机构在制定发展管理战略时为其立案、批准、实施提供法律约束。

如表 16 所示，不列颠哥伦比亚省广域发展管理的目的是从环保、资源管理、防灾、有效的公共服务、公平的住宅供给等方面，引导圈域合理发展。在广域发展管理战略中体现以下三个方面：①广域圈的中长期发展、变化预期；②地域未来蓝图；③为应对未来城市发展的广域政策方针。另外，规划对象地域可以是跨越多个广域行政机构的地域及广域行政机构的一部分管辖地域，根据不同的地域条件和基础自治体的意愿进行灵活对应（Province of B.C.，2000）。

表 16 广域发展管理战略的目的及地域规划规定的内容

目的	发展管理	限制城市无序扩张，合理地开发引导 可预见的未来城市发展所需的用地、资源的登录及保护
	环境 资源 能源	自然环境等的环境保护 城市和农村开放空间的保护、创造、网络化 有文化遗产价值地区结构的适当管理 农林地等生产资源的可持续管理 大气、土壤、水质污染的防治 地表水、地下水的水质及水量保护 能源供给、利用规划：节能、替代能源
	经济	确保地方自治体独立性的经济开发
	交通	公共交通网的完善及方便步行、骑自行车、乘坐公共交通工具的城市街道构建 减少依赖汽车出行 形成高效率的交通网
	防灾	形成自然灾害风险小的居住模式
	住宅	适当提供可负担的住宅
内容		决定应对中长期（至少 20 年）的广域圈内发展、变化的开发、事业方针 具体内容如下： 　1. 有关地域未来愿景的综合记述 　2. 规划对象地域的人口、就业预测 　3. 伴随未来城市发展的政策制定 　（住宅、交通、广域公共服务、公园、自然保护、经济开发及其他） 要求的图书等：相关信息、地图、其他 对象范围：一个或多个广域行政机构，或广域行政机构的一部分

（出自：Province of British Columbia，Municipal Act，Part25）

具体的广域发展管理战略根据省条例规定，对象区域的广域行政机构和基础自治体依据法律承担义务。为实现广域发展管理战略，地方自治法规定了以下 4 项制度：①通过调整咨询委员会，在省政府、广域行政机构、基础自治体间进行政策调整；②有义务在法定地方自治体规划中体现广域发展管理及其整合性相关文件（Regional Context Statements）；③与相关机关缔结协定；④监控规划实施及定期评审。广域发展管理及其整合性相关文件表明了基础自治体法定规划基于广域发展管理规划制定，有义务通过广域行政机构、评议会批准。对于没有土地利用规划权限的广域行政机构，广域发展管理战略可以为保证实现发展管理提供依据和方法。

2. 大温哥华地区及其广域管理

加拿大西海岸中心城市温哥华是亚太地区的经济中心之一。图 45 所示大温哥华地区（Metro Vancouver）是以温哥华市为中心的广域行政机构，由 21 个基础自治体（Municipalities）和选举地区（Electoral Area：还未成立基础自治体的区域）[1]组成。其圈域面积是 4664 平方千米。城市圈以温哥华市（607 000 人）为中心，由萨里市（415 000 人）、本拿比市（212 000 人）、里士满市（183 000 人）等主要城市及其他地区形成了多极化构造。该圈域人口在 1961 年为 82 万，1999 年超过 200 万，目前（2006 年）已达到 222 万。不列颠哥伦比亚省大约一半的人口居住在大温哥华地区，预计圈域人口到 2021 年会上升到 280 万，2031 年将达到 315 万。近年来人口增加的原因是以亚洲人为主的海外移民增多。在城市化压力背景下，广域发展管理变得越来越重要（GVRD，1997；Metro Vancouver，2009）。

继 1965 年地方自治法修订使广域行政机构制度化后，大温哥华地区于 1967 年成立。其主要工作是：①制定及管理广域发展管理战略；②提供大气污染治理、广域医院、国营住宅、下水排水、垃圾处理、广域公园、水源管理 7 项广域服务。大温哥华地区没有征税权，年收入有一大半来源于广域公共服务使用

---

① 从前被称作"广域温哥华行政机构"（the Greater Vancouver Regional District:GVRD），2007 年更名为国际认知度更高的"大温哥华地区"。

费及来自基础自治体的筹资。大温哥华地区的组织机构由政策决定机构评议会（Board of Directors）、政策制定委员会（Committee）、广域公共服务实施部门（Departments）构成。评议会成员为基础自治体等的首长及议员。各基础自治体有投票权的人数及选举得出的委员人数根据不同的人口数决定。当选的基础自治体首长参与决定广域发展管理战略的规划、环境委员会，该委员会在规划制定过程中具有意见调节的作用。

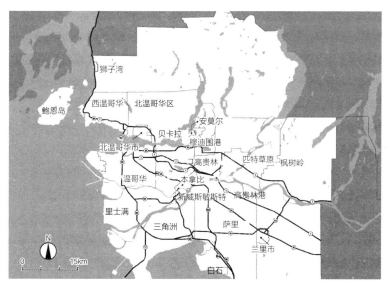

图45　大温哥华地区（出自：GVRD，1999）

3. 宜居广域圈战略规划（1996—2009）

1）规划基本方针

现行的广域发展管理规划《宜居广域圈战略规划》（*Livable Region Strategic Plan*：下文简称"现行规划"）是依据1995年省发展管理法，于1996年开始实施。该规划旨在保护丰富的自然环境、提高生活质量，主要从以下4个方面表明规划方针：①保护自然、绿地等；②成立独立的地方自治体；③形成集约广域圈；④增加交通工具的可选择性。

为防止城市无序化延伸现象的产生，要形成集约化、中高密度的城市圈结构，保护自然以及农业用地、公园等绿化空间，有效提供公共交通及公共服务。在实际的规划制定过程中，也应首先决定蓄水源、水库、重要生态区、野外疗养地、农林用地等需要保护的绿色空间，在此之上讨论在剩余的地域如何应对城市发展。另外，设定发展集中地域，表明引导开发区域范围，设定发展集中地区人口占整体圈域的比例由 1991 年的 65% 增加到 2021 年的 70% 的目标（GVRD，1990）。

城市圈的结构趋向于多极分散型，旨在形成由经济化门户城市温哥华城市中心、8 个广域中心城市、13 个地方中心构成的分层的、相互辅助型中心构造。基础自治体在各自的中心地区扩充住宅、就业、文化、娱乐功能，形成工作地与居住地接近的自立的地方自治体。在温哥华市中心、广域中心城市及地方中心间形成由轻轨、空中列车、基础公交等多种公共交通工具连接的交通网络（GVRD，1990）。

另外，由于经济开发领域在自治体间调整较困难，与广域发展管理不同，应采用产业振兴政策进行调整。大温哥华地区与当地经济界共同出资，设立了广域温哥华经济合作机构，在广域圈范围内推进产业振兴。

2）广域规划制定及实现方法

由于权责及财源不足，大温哥华地区不易于通过调整基础自治体的利害关系来实施广域发展管理（图 46）。基于此，不列颠哥伦比亚省及大温哥华地区的方法有 3 个重要意义。

第一，根据广域发展管理法，为普及发展管理方式相关调查及意见，建立了基础自治体协议机制及调停、裁定体制。第二，通过大温哥华地区与广域温哥华国营交通公司的合作实现广域规划[1]。广域国营交通公司与发展管理战略联动完善地域交通。将地域公共交通、道路、交通需求管理一体化，在实现地域未来

---

[1] 广域温哥华国营公共交通公司在接手不列颠哥伦比亚省公交公司（B.C.Transit）的公交业务后，以广域公交公司法（1998 年）为基础成立（GVTA，1999）。俗称 Translink。该广域公交公司法中规定了成立公交公司的目的："以保障人、物资的高效移动、支持广域发展管理为目的确立地域交通系统"。具体来说，完善、运营公共交通网（空中列车、轻轨、公交车、水上巴士），完善，维持广域干线公路的管理，管理交通需要、承担大气污染防治责任。决议机关评议会成员定为 15 人，其中 12 人由大温哥华地区评议会任命，规定拥有任命权的理事应为大温哥华地区理事或基础自治体首长，广域公交公司与大温哥华地区的决议机关几乎相同（GVTA，2004）。

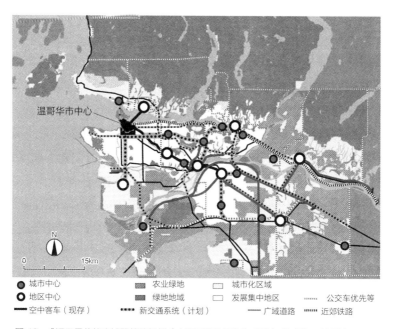

图 46 《适于居住的广域圈战略规划（大温哥华地区）》（出自 GVRD，1999）

愿景上有很大作用。第三，为获得基础自治体的赞同，在规划上下功夫并采取灵活的处理方式。即多极分散型城市结构建设与完善中心城市功能方面的基础自治体决策、向发展集中地区引导开发（非地区外的开发规则）、产业政策的制定实施等。针对地域目标，形成整体性共识，每年（根据目标不同，频度也可以是 5 年 1 次）对其达成程度进行监控，并在评议会上商议。这些做法可以被看作是为权力不足的广域管理实现发展管理的方法（福岛，2002）。

3）成果及课题

下面，我以大温哥华地区 2005 年报告《为进一步实现可持续发展的城市圈》（GVRD，2005）为依据，讨论到目前为止的成果及今后的课题。在 4 个规划方针中，目标达成最好的是保护及完善自然、绿地、农业用地，这是因为立法规定了自然保护区及农地保护区，完善广域公园等工作由大温哥华地区主导实施。从整体上来看，现行规划有效实现了保护及完善圈域自然、绿地公园、农业用地的功能。

此外，"形成集约广域圈"及"成立独立的地方自治体"分别有遗留课题。

就"形成集约广域圈"来说，难以在基础自治体间进行调整。各基础自治体在地方自治体规划中设定的人口规模的统计值超过了未来圈域人口预测值，向发展集中地区的人口分配也较目标值分散。这些问题的产生，是由于在规划制定过程中，为使意见易于统一，没有分别设定各基础自治体的人口规模。

就"成立独立的地方自治体"来说，虽然评议会顺利通过了这个提案，但居民的跨自治体通勤和消费使得其并没有如制定那么容易实现。创造包括可负担住宅在内的多样的居住机会及就业机会的基本理念虽然写入了《广域发展管理及其整合性相关文件》中，但没有提出如何创造就业机会等具体的方法及目标值。位于城市中心及郊区中心的商业开发及高密度住宅开发虽然取得了成效，但办公用地城市中心化及郊外大型商场开发的两极分化使得广域城市中心及地方中心发展缓慢。

1999年，广域交通国营公司成立，是发展管理政策，特别是交通工具选择度改善的重要一步。2002年千禧线开通（全长22千米，形成了连接温哥华市中心、克拉克站、哥伦比亚站的环状交通网），2009年加拿大线及常青树线开通，极大地扩展了轨道公共交通网络。公交服务也不断得到改善，如从市中心到周边的短途公交运行得到强化等。2002年通过了广域交通国营公司的财源强化政策（车费重新定价、汽油税及房地产税增加），为切实实施规划提供了财源保障，预计公共交通的机关分担率也将逐步提升。

另一方面，围绕完善广域交通的财政来源及负担的讨论（1999—2000年）没有得出结果，导致难以就现行规划达成统一意见及向心力不足（GVRD，2002）。指定发展集中地域与完善广域交通联动，地域内在便利完善方面有差距。但在汽油税等的负担方面，地域间无差距。由于这种矛盾的存在，从一部分基础自治体内部发出了反对的声音。在发展管理的利害关系上加入费用负担问题的话，是不易调整的。在将广域交通完善作为发展管理手段时需留意这一点。

4. 未来广域规划：大温哥华地区 2040

现在，大温哥华地区已经开始了面向2040年的广域规划（大温哥华地区2040规划）的制定工作。2009年1月制定了草案，在有关机关、基础自治体间实施了政策调整。预测到2040年，大温哥华地区人口将从2006年的222万持续增加至340万。2040规划的目标是建设适合城市圈发展的、宜居的、可持续发展的地域。在该草案中，设定了以下5个目标，分别是：①形成集约城市圈；②可持续的经济支援；③保护自然环境及资源；④构建独立且有活力的地方自治体；⑤可持续的交通选择（Metro Vancouver，2009）。

其中，多极分散型的集约化市中心建设、构建公共交通主导的节能、低碳型城市圈结构，保护自然环境、农业用地、娱乐空间，构建独立的地方自治体等观点是沿袭现行规划而制定的目标。可持续的经济支援是在现行规划基础上更进一步的提案。在以往的保护农业用地和引导商业、业务开发向城市中心地区集中的基础上，加入确保多种产业用地的目标。其背景是随着郊外住宅、商业、业务开发的发展，无法充分满足制造加工、物流、交通、建设等产业用地。另外，也涉及指定生物医药品等特定产业用途地区。

此外，就现行广域规划的实施过程来说，有人开始注意到表面化的广域管理的内部对立问题。为了重建广域规划的向心力，2002年引入了《可持续广域圈倡议（Sustainable Region Initiative）》，成为大温哥华地区2040规划的基础。在环境方面，着力提出了节能及削减二氧化碳排放量，将地域经济的可持续发展重新纳入规划目标中。温室气体的削减目标设定为：与2007年相比，至2020年将减少30%，至2050年将减少80%（Metro Vancouver，2009）。在社会和自治体层面上，将提供可负担住宅作为工作重点。规划本身也在一定程度上承认基础自治体的决定权。在现行规划中，明确将发展集中地域列入广域规划范围内，在2040年规划的草案中，仅体现了城市化的允许范围（Urban Containment Boundary）。不是作为广域发展管理政策规定发展集中地区，而是优先发展城市中心、副中心、广域城市中心及公共交通完善轴线沿线，以及限制向灾害风险高的区域发展城市化等，具体的区域划分则由基础自治体决定。一方面是为了抑制未被指定为发展集中区域的基础自治体的反对声音，另一方面，也是为了表明即使不设定发展集中地区，也可以通过不扩大城市化区域来进行对应的政策判断。

5. 大温哥华地区广域发展管理的经验

为采用民主的方式制定广域地域愿景，并确保最终得到实现，需要通过选举选出首长和议会成员，并确立拥有独立财政来源及行政机构的广域政府。理想的方式是广域政府与基础自治体在平等的立场上进行协议并实施广域发展管理。就大温哥华地区的广域政府来说，其评审会成员由基础自治体的各首长构成，在政策决定时容易介入各基础自治体的规划，在这一点上是不利于广域发展管理的。即使作为地域愿景达成一致意见，各种利害关系相关的争论也会逐渐显现。为达成一致意见而制定的发展管理规划存在模糊内容，这允许自治体进行较大范围内的自我解释，不能恰当地引导正确的地方自治体规划。

　　然而，广域政府制度的引入在政治上有很多难点。以这个现实为前提，虽然不列颠哥伦比亚省的广域发展管理制度及大温哥华地区的管理方法具有其局限性，但与广域交通国营公司合作等通过评议会进行广域发展管理的方法也有很多值得肯定的地方，是广域发展管理政策上的宝贵经验，并显示了政策意见统一的方法。

本节参考文献

[1] 林上. 現代カナダの都市地域構造 [M]. 原書房，2004.

[2] 福島茂. カナダにおける広域ガバナンスと成長管理政策の経験 [J]. 都市情報学研究，2002（7）:53-61.

[3]GVRD. Livable Region Strategic Plan, Policy and Planning Department[Z].1990.

[4]GVRD. GVRD 2002 Sustainability Report: Building a Sustainable Region[Z].2002.

[5]GVRD. Advancing the Sustainable Region: Issues for the Livable Region Strategic Plan Review[Z].2005.

[6]Metro Vancouver. Metro Vancouver 2040, Shaping our future. DRAFT, February 2009[Z].2009.

[7] Province of British Columbia. Provincial Growth Strategies Statutes Amendment Act 1995, Municipal Act, Part 25[Z].1995

[8]Province of British Columbia. Greater Vancouver Transportation Act[Z].1999.

[9]Province of British Columbia. A Primer on Regional District in British Columbia[Z].2000a. http:// www.marh.gov.bc.ca/LGPOLICY/MAR/content.html.

[10]Province of British Columbia. About Growth Strategy. Growth Strategy Office, Ministry of Municipal Affairs[Z].2000b. http://www.marh.gov.bc.ca/growth.

[11]GVTA. Background Paper: The Origins of TransLink and the Strategic Transportation Plan (unpublished) [Z].1999.

[12]GVTA. 2005-2007 Three-Year Plan & Ten-Year Outlook[Z].2004.

6.6
韩国和中国的城市规划和广域规划

大西隆

1. 韩国城市、广域规划

　　本节将介绍韩国及中国的广域规划，这两个国家都是日本的邻国。到目前为止，韩国虽然有很多制度是参照日本的制度方法探讨引入的，但随着社会的急速变化，制度的变化也会相应加快，韩国在城市、广域规划领域已经走在了日本前面。其中需要关注的是，2003 年韩国修改制度，为防止无序开发，在全国范围内施行城市规划制度；中国 2008 年开始实行新的规划，实现了日本探讨多年未能实现的土地利用规划的改革，这些可以给予肯定。

　　韩国以低出生率出名，出生率低于日本，预测人口总数也将在 2020 年达到峰值（4920 万人）后开始减少（图 47）。第二次世界大战刚结束时韩国的全国人口是 1880 万（1950 年），2020 年的峰值为那时的 2.6 倍，与 1.5 倍的日本人口比较，人口增长更快。在城市化方面，战后不久的城市化人口占比是 21.4%，

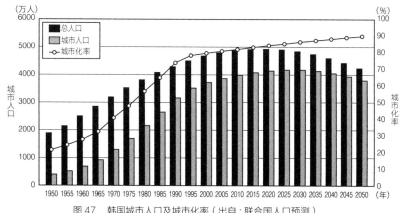

图 47　韩国城市人口及城市化率（出自：联合国人口预测）

2005 年快速增长为 80.8%。在人口及城市人口的增加或在低出生率方面，其速度之快令人震惊。可以想象，这种快速的人口增加促进了其各种城市政策的实现。

　　由图 48 观察韩国主要城市的城市化发展，可以发现首尔的城市人口增长显著。但即使是首尔，也已经达到了人口峰值，最近开始有下降趋势，除了环绕首尔的预测人口继续增加外，其他地域的城市都出现了人口减少。在这种背景下，2003 年制度修改的目的是应对郊外地域的无序开发，特别是在首都圈的首尔市周边。一是为了应对强大的开发压力；二是（即使郊外的开发压力已经减弱）为了防止开发潮退潮前的强硬开发导致无序开发。

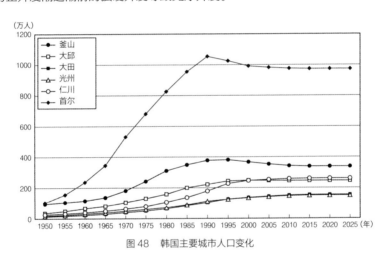

图 48　韩国主要城市人口变化

1）国土规划和城市规划的一体化

　　2003 年，韩国对城市、地域规划制度进行了根本性改革，在此之前的国土规划及城市规划被统一为一个规划体系。国土基本法（2002 年新法制定，2003年 1 月施行，国土建设综合规划法废止。下文中没有出现国名的均为韩国法律）和国土规划法（有关国土规划及利用的法律，制定、实施时间与国土基本法相同）中，基于国土基本法制定的国土规划由国土综合规划、道综合规划、市郡综合规划、地域规划、部门规划构成，基于国土规划法制定的城市规划由广域城市规划、城市基本规划、城市管理规划构成。将两个规划一体化，是由于依据国土基本法的市郡综合规划被明确命名为《基于国土规划法的城市规划》（国土基本法第 6 条第 2 款第 3 项），两个规划体系相联系，在国土基本法中不存在在市郡综合规划制定相关条款。在国土基本法的市郡综合规划（即国土规划法的城市规划）中，以国土综合规划和道综合规划为基础而制定，两个规划相互联系。对指导性强约束力弱的国土综合规划和道综合规划来说，在国土基本法中规定规划的细节；相反，对指导性弱、约束力强的城市规划（特别是城市管理规划）来说，在国土规划法中详细规定。如果类比日本的法律体系，则相当于日本国土形成规划法和日本城市规划法的关系。但日本的国土形成规划法中有全国规划及广域地方规划相关条款，在城市规划及城市规划法中完全没有体现，所以没有规划体系一体化的认识。另一方面，日本城市规划法规定，"城市规划适用于……国土形成规划等国家规划（日本城市规划法第 13 条）"，谋求规划适用性。在如何保证适用性这一点上，韩国的相关部长"在有关国家规划时"（国土基本法第 6 条第 5 款第 1 项）保留直接制定城市规划的权力，国家参与性强；相比之下日本的城市规划中，"与国家重大利害相关时"（日本城市规划法第 24 条）对国家的参与度有所限制，可以说两部法律的关联性较弱。

2）城市规划向全国展开

韩国规划体系一体化的目的是为了限制由城市郊外向全国扩展的无序开发，将适用于城市及城市周边的城市规划规制发展为适用于全国的规划。2003 年实施了制度改革。此前在城市地域适用城市规划法，在非城市地域适用国土利用管理法。从 2003 年开始废除这两部法律，制定新的国土规划法，并制定了广域城市规划（根据总理任命设定，跨越 2 个以上的特别市、广域市、市郡间的广域规划圈中制定的上位基本规划）、城市基本规划（包含地域特性、规划方向、人口分配、土地利用、环境保护、基础设施、公园绿地、景观灯政策方针）、城市管理规划（即法定城市规划，规定地域用途等的土地利用规制、城市设施规划、地区单位规划等）。重要的是，就有约束性的城市管理规划而言，规定"特别市长、广域市长、市长及郡长必须制定所管辖区域的城市管理规划"（国土规划法第 24 条第 1 款）"。日本城市规划的情况是，"就城市规划区域来说，城市规划中应制定该城市规划区域的完善、开发及保护方针"（日本城市规划法第6条第2款），适用于相当于国土26%的城市规划区域；在韩国，城市管理规划的适用范围是全国，即特别市（1）、广域市（6）、市（75）、郡（86）。

　　在以往的韩国规划体系中，城市规划法适用于城市地域，国土利用管理法适用于非城市地域。图49就土地利用规制来说，在国土利用管理法中根据国土用途划分为城市地域、准城市地域、准农林地域、农林地域、自然环境保护地域5个地域，其中准城市地域和准农林地域的无序开发情况严重，人数远超过规划新城市人口数，居住地域公共设施不完善，引起了社会问题。基于上述情况，在国土规划法中对这两个地域进行统一管理，并规定地域用途区分依据，即是依据城市地域进行管理，还是依据农林地域、自然环境保护地域进行管理（国土规划法第6条）。管理地域根据用途区分为保护管理地域、生产管理地域、规划管理地域（第36条第1款），前两者依据自然环境保护地域和农林地域进行管理，规划管理地域是"预想编入城市地域的地域或在考虑自然环境的基础上进行有限的利用及开发的地域（第36条第2款）"。为了使其具有实效性，在后述的开发许可制的基础上，就建筑密度和建筑容积率来说，保护管理地域和生产管理地域设定为建筑密度20%及容积率20%以下，规划管理地域设定为建筑密度40%以下及容积率100%以下（第77条、78条）。

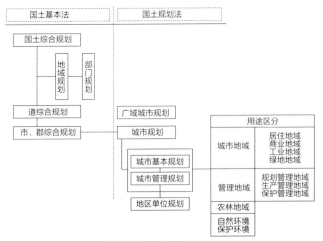

图49　韩国现行规划体系［出自：苏（2009）、金林（2009）《国土基本法与国土规划法》］

3）有规划地开发，防止无序开发

在韩国，经常被用作象征 2003 年制度根本性变革的词语是"先规划，后开发"。在日语中也有对应说法，即"无规划不开发"。例如，作为用途地区新设立的开发振兴地区不仅适用于城市地域，也适用于农村地域等规划开发的地域，通过改革，国土规划法转变成了以全国为对象的规划制度。一般来说，防止无序开发由第二种地区单位规划、基础设施联动制（基础设施负担区域、开发密度管理区域）、开发行为许可制等构成。其中，相当于"先规划"的是第二种地区单位规划。为了有计划地对规划管理地域（管理地域中的利用和开发地域）和开发振兴地区进行开发、管理，如果制定地区单位规划，以规划管理地域为例，规定建筑密度 40%、容积率 150% 为上限，就可以缓和土地利用限制。

基础设施联动制是更具体地对既有的城市街道和规划管理地域中，在需要进一步完善道路、上下水道、废物处理设施、公园、绿地、学校等基础设施的地域，平衡基础设施与开发量的制度。其中，基础设施负担区域制度适用于新开发用地，需要开发者负担必要的相当于基础设施完善费用的金钱和土地。开发密度管理区域是指，对于进一步开发时基本设施不足，追加完善有实施困难的地域，其容积率将在规定值 50% 的范围内进行缩减。

开发行为许可制适用于需要获得建筑及土地开发的开发许可的情况，在 2000 年的城市规划法改革时被引入，在国土规划法中也得以继承。许可的衡量条件定为与用途地域的匹配度、与城市管理规划的符合度，符合规划的开发可以被许可。在韩国，近年来考虑将事前确定型的开发行为管理转换为分别审核与规划的整合的规划限制型，开发行为许可制是这种制度转换的重要手段。事实上，开发行为许可制是推进有规划地开发的有力手段，如分别实施管理地域的开发规制，促进制定规划管理地域的第二种地区单位规划等。

韩国的国土城市规划体系以恰当的国土整体管理为主旨，近些年发生了巨大的变化。在韩国，存在近 50% 的人口向首尔首都圈集中的一点集中化问题，在人口减少的背景下，确立有规划的开发制度，进一步向规划规制型转变，依据规划实施灵活的土地利用政策，这种尝试对于日本也有很大的参考价值。

2. 中国的城市广域规划

　　中国当代城市规划的历史可以追溯到中华人民共和国成立初期，当时主要的工作是对现存的建筑和基础设施一边利用一边修复及部分改造。1958 年，城市规模迅速扩大。1966—1967 年，城市规划被中止。中国的城市规划历经曲折。20 世纪 70 年代中后期，国务院逐渐认识到了城市规划的重要性，1984 年公布了城市规划条例作为第一部城市规划的基本法律。第一部城市规划法于 1989 年发布（1990 年 4 月实施），于 2008 年废止，取而代之的是现行的城乡规划法。

　　图 50 追溯中华人民共和国成立以来的人口及城市人口的变化，1949 年的人口仅为 5.5 亿，2005 年增加到原来的 2.3 倍至 13.1 亿，与韩国人口的增速基本相同。此外，中国的城市化率在 1950 年为 13%，在中日韩三国中最低。中国 2017 年常住人口城市化率为 58.52%，韩国 2017 年常住人口城市化率为 91.82%。但就未来的发展趋势来看，可以预测几乎所有的主要城市人口都会急剧增加。在中国最早实施改革开放的深圳，截止到 1990 年，其人口增加至以前的 7 倍，实现了快速增长。虽然这是中国经济特区中的一个突出案例，但到 1990 年为止大多数城市的城市化都在加速。根据预测，中国人口增长将在 2030 年迎来 14 亿峰值后开始减少，但今后其城市化率还会加速提升，城市人口将在 30 年间增加 4亿。预计平均每年城市人口增加 1000 万以上，城市政策也变得越来越重要（图51）。当然，政策重点是如何实现完善基础设施与城市区域扩大的一体化推进，即有规划的城市化推进政策。同时，各地都在努力争取吸引外商到经济开发区开

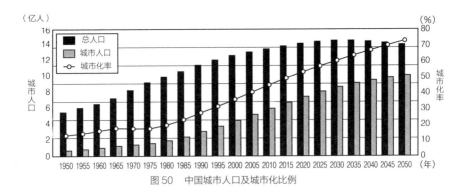

图 50　中国城市人口及城市化比例

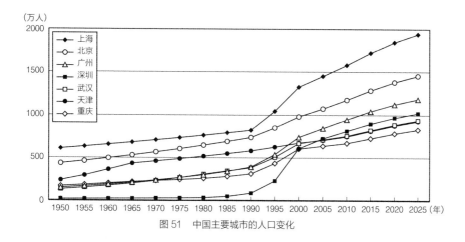

图51 中国主要城市的人口变化

办工厂，其中不乏无序开发的情况，虽然总人口即将达到峰值，但城市化仍然是一个不断增加的趋势，也就是所谓的"稳中有变"。为应对这种"稳中有变"，其今后的难点是如何制定并实施综合权衡的开发政策。

1）中国的行政体系及规划体系

在拥有众多人口、广袤国土、多民族及悠久历史的中国，地方行政由省级、地级、县级、乡级4级构成，城市又分为4个直辖市（北京、天津、上海、重庆）、地级市、县级市等多种在不同行政管辖下的市。从经济、社会、空间规划的角度来说，有经济、社会发展规划，国土规划（土地利用规划），城乡规划（图52）。

经济、社会发展规划以全国人民代表大会通过的国家规划［由国家发展和改革委员会负责，现行规划为国民经济和社会发展第十三个五年（2016—2020）规划］为纲领，是各级政府所制定的所有政策的核心依据。中国作为社会主义国家，其规划及规划实施会对社会变化产生直接影响，但随着市场经济体制的导入，规划也会间接地影响市场，其名称也由"计划"变成了"规划"。另外，以往为非空间范围规划，在"十一五"规划中，提及了符合未来城市化发展的城市存在方式，强调了地域的和谐发展。尤其是考虑到有开发区过剩规划、无序开发的风险，今后打算将全国划分为优化开发区域、重点开发区域、开发限制区域、禁止开发区域四个主体功能区域，决定推进开发区域和限制开发区域，从空间上实现开发战略。为具体实现该设想，国务院对具体决定主体功能区域的主体功能区域规划的制定做出了指示（2007年）。将全国划分为四大主体功能区域，显示出优先开发区域及限制、禁止开发区域，这会对多年来推崇"开发第一"的地方政府和民间企业带来很大的影响。政府部门内部也不容易就政策实施达成统一意见，到目前为止，主体功能区域规划还未实现。

　　国土规划是依据土地管理法制定的国土规划，是规定国家所有土地（城市中心用地）或农民所有土地（农村和城市郊区土地）根据土地管理法规定的土地利用总体规划。土地管理法的目的是，在确保农业用地的同时，规定城市建设用地开发时的国有土地使用申请、许可标准、土地征用及补偿等。因此，国土规划的重点也是重视保护农耕用地及城市建设用地的比例问题。土地资源利用是国家性质的重要事项，规划需要基于土地调查、土地等级认定、土地统计及信息管理等制定，在各级人民代表大会上报告每年的土地利用执行情况。

　　过去，城市规划是由适用于城市的城市规划法和适用于农村的村镇规划建设管理条例两种制度构成，但为防止农业用地的无序开发及不合理的开发规划，将其变为城乡规划法，即城市农村规划法的一元制。

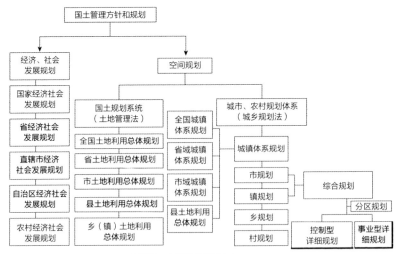

图52　中国的规划体系

2）城市、农村规划的制定

城乡规划法细分为 70 条法律，其中有 40 条与城市、农村规划的制定、实施、修正手续及基本内容相关，不包含完善设施及土地利用规划的具体准则和制度。规划规定，中央政府及省政府分别制定城镇体系规划，并表明城市规模及布局、重要基础设施布局及以生态环境、资源保护为目的的需严格控制的区域（城乡规划法第 12 条、13 条）。

上述规划为纲领性规划，而与城市存在方式直接相关的规划有城市总体规划、镇总体规划（整体规划，规划期限 20 年）。其中规定了市镇的街道布局、功能、用地布局、综合交通体系、是否适于建设的地域指定、各种特定规划等。其中必须列入的项目有规划区域、建设用地规模、基础设施及公共服务设施用地、水源地及水系、农田与绿地、环境保护、自然与历史文化遗产保护、防灾、减灾等（第 17 条）。另外，在农村制定乡规划或村规划，规定规划区范围、住宅、道路、给水排水、电力供给、弃物收集、生产生活相关设施、公共事业用地、耕地及历史文化遗产保护、防灾、减灾等（第 18 条）。

依据市、镇总体规划制定详细规划。详细规划包括市城乡规划负责部门和镇制定的控制性详细规划（第 19 条、20 条），市、县城乡规划负责部门和镇在吸收企业提案的同时制定的企业型详细规划（第 21 条）。在城乡规划法中没有明确规定具体的制定依据，以项目地区为规划对象，决定建筑密度及容积率等开发相关重要项目。另外，在开发压力下不按规划实施，事后进行追加批准及修正的情况时有发生。为避免该情况，对于省城镇体系规划、市镇总体规划、控制型详细规划的修正，需要规定包含修正必要性证明在内的严格手续（第 7 条、48 条），以提高规划的指导作用。

3）城市、农村规划的实施

在中国，城市开发必须经过土地管理法规定的土地使用许可手续等。在城乡规划法中，为提前取得符合规划相关的许可，有"一书三证"制度。城市建设所必要的"一书"是指，表明适于建设的选址意见书（第 36 条）。在此之上，两证是指，表明建设用地位置、面积、建设许可范围等符合管理型详细规划的建设土地使用规划许可证，与具体建设相关的建设施工规划许可证。另一方面，在农村，进行乡镇企业建设、公共设施和公益事业相关建设、村民住宅建设时，根据需要取得土地管理法规定的农业用地转用许可（使用农业用地时），在此基础上取得乡村建设规划许可证（第41条）。综上所述，城市一书两证、农村一证，合起来统称"一书三证"。

小　结

中国的城乡规划法将以往的城市规划法和村镇规划建设管理条例统一化，一个重要目的在于通过将城市和农村进行一体化规划，利用有规划的开发应对今后的城市化大潮。但具体从实效性规划的适用地域来看，城镇总体规划的规划区域没有明文规定，规划对象以城市为主，农村为辅，从这一点上可以看出当时制度还不够完善。也就是说，虽然在城市和农村使用同样的法律，大多数农村地区的规划体系和规划实施体系还是与城市不同。因此，中国的城市规划还处在不断运用新法的过程中，要达到预期的有序城市化并非易事。期待今后可以对新制定的城乡规划法进行改善，使之成为有规划的城市建设的有效手段。

本节参考文献

[1] ソスンタク.韓国における 2003 年国土都市計画制度の成果と今後の課題 [G].// 国際シンポジウム東アジアにおける都市地域計画の新展開資料集 .2008.

[2] ソスンタク.韓国の国土基本法、国土計画利用法の展開と新政権の課題 [J]. 地域開発，2009（535）.

[3] 韓国国土基本法 [Z]. 土地綜合研究所ホームページ .周藤利一訳，2003.

[4] 韓国国土の計画及び利用に関する法律 [Z]. 土地綜合研究所ホームページ .周藤利一訳，2003.

[5] パクチェキル.国土の計画及び利用に関する法律と韓国の都市管理体系 [J]. 地域開発，2006（504）.

[6] 金永基，林和真.韓国の都市地域計画制度の改正 [J]. 地域開発，2009（535）.

[7] 呂斌.新城郷計画法と中国の都市計画制度 [J]. 地域開発，2009（535）.

[8] 石楠.中国の都市化、都市整備の展開と新城郷計画法の可能性 [J].地域開発，2009（535）.

[9] 金慧卿.中国の都市地域計画の歴史と展望 [J]. 地域開発（535），2009.

[10] 中華人民共和国城郷計画法 [Z].国際シンポジウム東アジアにおける都市地域計画の新展開資料集 .金慧卿訳，2008.

[11] 中華人民共和国都市計画法 [Z]. 土地総合研究所ホームページ .城野好樹訳，1990.

[12] 中華人民共和国都市計画法 [Z]. 土地総合研究所ホームページ .城野好樹訳，2004.

第三篇

规划制定手法

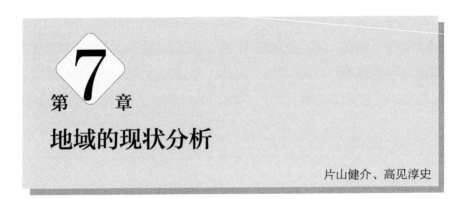

第 7 章 地域的现状分析

片山健介、高见淳史

7.1 ∥ 可利用的数据

1. 人口相关的数据

人口是地域分析中最常使用的数据。人口数据有很多种，分为居住人口（夜间人口）、白天人口、性别人口、年龄层人口、劳动力人口等。表 17 中第一部分人口普查、居民基本信息统计表用于人口相关统计。人口普查是以居住在日本的所有居民为对象的全面调查，从 1920 年以后每五年调查一次（大规模调查每十年一次），是非常有用的时间序列数据。

表 17　社会经济事项相关主要调查数据

领域	调查名称	对象地域	实施周期	代表性调查内容
人口、家庭	人口普查	全国	5 年	总人口、总户数、性别、年龄、市区或町村人口、家庭成员、居住情况、产业、职业、就业人数、上学人数、工作人口、人口集中地区（DID）等
	居民基本信息调查	全国	1 月	市区或町村人口、迁入、迁出等
经济、产业	国民经济核算县民经济核算	全国都道府县	1 年	国民所得（收入）、国内生产总值等，县民所得（收入）、县民生产总值等
	工业统计调查	全国	1 年	事业所名称及所在地、从业人数、产品发货量等（2010 年调查合并至 2011 年经济结构统计，2011 年以后简略化）
	商业统计调查	全国	5 年（总调查）	事业所名称、所在地、从业人数、年度商品销售额、零售业卖场面积等（2009 年调查废止，2013 年调查将标准化）

表 17　社会经济事项相关主要调查数据（续表）

领域	调查名称	对象地域	实施周期	代表性调查内容
经济、产业	经济结构统计	全国	5 年	基础调查（2009 年）：事业所名称及所在地、从业人数、事业种类、经营组织等；活动调查（2011 年）：销售额、必要经费总额、工资支出总额、折旧费等
土地	全国都道府县市区町村面积调查	全国	1 年	全国、都道府县、市区町村面积等
	地价公示	全国	1 年	每年 1 月 1 日公示单位面积正常标准地价
	都道府县地价调查	全国	1 年	公开发布 7 月 1 日都道府县基准地（2009 年全国 23024 处）的正常价格
	国土数值信息	全国	—	指定地域、沿岸地域、自然（海拔、倾斜度等）、土地（地下、土地利用等）、国土结构（行政区域、海岸线、湖泊沼泽、河流、铁路等）、设施（公共设施等）等

居民基本信息统计表由市区町村长根据记录姓名、出生年月、性别、住址等信息的居民户口登记簿制作而成。各市区町村每月公布居民基本信息统计表中的人口数据。通过每月公布的居民基本信息统计表，可以了解各都道府县、市区町村的人口迁入迁出状况，从而得到人口流动相关数据。

2. 经济、工业相关数据

在地域规划层面考虑工业振兴时，有必要掌握地域范围内的工业规模。表 17 中第二部分统计主要有工业统计调查和商业统计调查。通过实施新设的经济调查，这些调查被统合、废止。

另外还有数据用来把握各地域的经济规模，其中国内生产总值（GDP）最具代表性。国民生产总值是国内一年内新生产的全部最终产品和服务价值的总和，是衡量宏观经济能力的指标。在国土规划的制定过程中，县民人均收入和县民人均生产总值常用来分析地域间差异。

3. 土地相关数据

表 17 中第三部分以地域规划空间为对象进行分析时需要土地相关数据。国土

交通省公开发布的国土数据包括土地使用相关数据。从国土厅成立开始，为制定国土规划，土地相关信息不断被完善和数据化，这些数据可以下载后使用。在此基础上，国土交通省也公开了网络地图定位系统，以便在网上浏览国土数据和图片信息。

到目前为止，社会经济数据通常以行政区域为单位提供，但分析土地使用等时以行政区域来进行分析并不一定恰当。特别是随着市町村合并，行政区域面积不断扩大，市町村间的差异也愈加不明显。

在这种情况下，地域网格划分是一种有效的分析方法。将国土以经纬度细分为一个个正方形来进行分析，最小的划分单位约为 1 平方千米（又被称作"标准地域网格"），因为每个正方形的面积相同，用这种方法得出的统计结果易于比较，可以不受行政区域限制，更加详细地分析地域实际情况。但因为行政区域不一致，难点在于如何进行数据的调查和统计以及确保数据精度。

总务省统计局以标准地域网格为单位公布人口普查数据、企业统计调查数据及住宅统计调查数据。另外，前文所提及的有关国土数据信息方面的土地相关数据也以网格单位提供，可以将其与人口统计数据结合进行分析。

除此之外，还可以利用都道府县的土地使用基本规划图及土地使用现状图、各市町村城市规划图等地图资料。

4. 交通相关数据

图 53 交通系统分析结构："①"表示社会经济活动需要交通系统为其提供交通服务，社会经济活动和交通系统相互协调形成短期交通流模式；"②"表示从中长期来看，交通流模式会影响社会经济活动；"③"表示通过实施交通相关政策、规划、措施形成交通系统（太田，1988）。例如，当为缓解主干道交通拥堵而规划完善新的辅路时（③），短期内一部分交通量会转移至辅路，为缩短交通所需时间，转而驾驶汽车的人会增多，从而引起交通行为和交通流模式的变化（①），中长期来看，提高辅路沿线交通便利性，促进商业中心的土地利用方式变化（②），其中又会使交通方式和交通流模式发生变化。

上述的人口、工业、土地使用相关数据主要表示的是某一地域人口及活动概

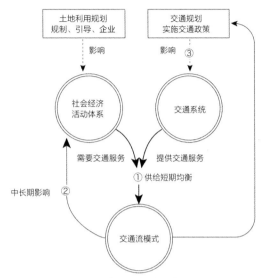

图 53 交通系统分析结构

率（居住、就业、购物、娱乐等）的分布情况。这些活动都需要提供交通服务，属于经济社会活动系统。如果将交通作为一个整体来考虑，那么就需要准备提供服务的交通系统数据和作为短期平衡结果的交通流模式数据。

交通系统大致分为四大要素：车辆等交通工具，由道路和节点构成的交通网络，交通工具和交通网络的控制、维护、管理系统，运营服务系统。其中尤其重要的是交通网络数据，需要完善连接道路及公共交通的空间位置信息，道路交通量、公共交通运行车费等信息。进一步进行长期规划时，还需要收集交通系统相关各要素的技术、制度、政策等的现状与将来的信息。例如，我们可以认为低排量汽车的技术改良可能性和普及度的预测可能是影响未来交通部门制定二氧化碳排放量标准的重要信息。

另外，表 18 显示了目前存在的交通流模式相关调查的情况。其中，居民出行调查是一种分析人们在一天之内利用何种交通工具在何处以何种目的移动的有效分析手段[①]。近年来，通过活用新技术实现数据收集，例如，各地都在推进导

[①] 交通省就实施居民出行调查及制定综合城市交通规划制定了标准方法和注意点（国土交通省城市交通调查室，2007）。

入公共交通 IC 卡，探测车在车辆行驶过程中可以收集行驶速度及位置等信息。通过这些调查方式，可以逐步实现每天（或高于传统型调查频率）掌握和积累地铁站、公交车站间的交通量及行驶速度等信息。另外，虽然由汽车引起的噪声和空气污染物不是交通流数据，但全国各地都在对其进行实时监测。

表 18　交通流模式相关主要调查数据

调查名称	地域	实施周期	对象	代表性调查内容
人口普查	全国	5 年	通勤、就学相关所有交通方式	个人就业地点、上学地的市区町村，通勤、上下学时的交通方式（每 10 年调查一次）
国民出行调查	部分大、中城市圈	约 10 年	人流相关所有交通方式	每个人一天的出行（出发及到达时间、起点终点的位置及设施分类、出行目的、利用交通方式、换乘地点等）
道路交通结构调查	全国	约 5 年	人流、货物相关道路交通	一般交通量调查：国道、都道府县道、部分政令市道（道路幅宽、沿路情况等）、车种断面交通量、高峰时段行驶速度等；汽车起点终点调查：汽车每日全部出行状况（出发时间、到达时间、起点终点的场所、设施分类、停车场所、运行目的、驾驶者、乘车人数、行李装卸等）
交通量经常性观测调查	全国	随时	人流、货物相关机动车交通	每时每刻的断面交通量
大城市交通结构调查	三大城市圈	5 年	人流、公共交通（铁路、公交车、路面电车等）	定期车票、普通车票等使用者调查：乘客的出行目的地、出行区间、移动目的、上下车时间、终端交通方式、所需时间等；OD 调查：车站间的旅客流量；输送服务实际情况调查：车站间的时间段输送能力
城市圈物资流动调查	三大城市圈及部分地方中枢城市	约 10 年	物流相关全部交通方式	各事业所每日货物搬出及搬入地点、产业类别和设施分类、商品名称及重量、运输方式及辆数、中转地等

5. 地域民意相关数据

地域规划的目的是实现符合居民需求的生活环境及包括其在内的地域发展。因此，听取民意可以说是必不可少的工作。这不仅有助于在之后的过程中把握问题、设定目标，在采取某些个别的措施时，还有助于取得许可及措施的圆满实施。

在波特兰发布《区域规划 2040》时，有人预测了未来城市圈人口的快速增长，并产生了这样的危机感：如按以往方式在区域内接受这些急增人口，就会对区域居民引以为豪的良好的居住环境质量产生影响①。在计划商讨过程的最初阶段，分别独立实施了居民问卷调查、对地区内股东及地方政府进行采访、公共专题研讨会（Metro，1994）。通过以上活动，掌握了各方主体对有关区域未来及发展方式的思考。

就日本实施的意见调查来说，有政府组织的民意调查。除了每年实施有关国民生活的民意调查，还对如环境问题（2009年）、可以靠步行生活的城市建设（2009年）、城市与农村的共生、对流（2006年）等当时关注的主题进行临时的民意调查，在制定地域规划时可以从年龄、性别、地域等分类上大致掌握民意。

另外，在制定都道府县及市区町村综合规划、城市规划总体规划、中心城市活性化等规划时，也独立实施了很多民意调查，这些民意调查的结果被用于具体了解地区居民生活方式及居民关注的地域问题等。波特兰城市圈《区域规划2040》民意调查重点分为以下4个方面：① 对地域满意或不满的地方？② 认为该地域有价值的地方？③对地域未来的想法：认为生活质量会恶化吗？认为快速发展（人口增加）会导致问题产生吗？希望地域可以继续发展吗？对地域发展的影响持悲观态度的原因。④ 城市政策论点相关意见：应着重发展现有城市，还是应着重发展新开发地区？交通投资应以道路为对象还是以公共交通为对象？办公及商业设施应设在郊外水平的标准密度地区，还是应集中在波特兰市中心以外的高密度中心地区？是否更倾向于工作地和居住地邻近，利用步行或自行车的通勤方式？住宅区和商业区域集中分布（可以步行或利用自行车往返），还是分散分布？住宅价格由公共政策优策的分式控制，还是由市场决定？在制定范围大于都府县的广域规划时，也有效利用官网主页及研讨会等方式进行意见征集（Metro，1994）。

在实施上述居民出行调查时，作为附带调查结果，也收集居民对交通问题和环境问题的想法、对交通和居住为主的生活环境的意识、对政策及政策实行是否赞同等数据（国土交通省都市交通调查室，2004）。以1998年第四次东京城市圈居民出行调查为例，在基于交通实情的主要调查的现状分析结果公布后及《交通政策的方

---

① 《区域规划2040》及波特兰城市圈规划体系的具体内容请参考川村、小门（1995），高见（2000），村上（2003）等。

向性（概述）》公开发表后，实施了两次有关政策的民意调查（表 19）。第一次民意调查的主要内容是关于交通问题的认知及对规划目标的意见，第二次民意调查的主要内容是询问是否赞同为实现公开发表的交通政策的方向性而实施的必要政策。这可以说是依据规划制定流程听取地域居民意见，并将其在规划中得到体现的例子。除此之外，最近还实施了以调查公司注册用户为对象的网络民意调查，这种民意调查可以根据调查目的设定回答人数和回答人属性，有成本低的优点。

表 19　第四次东京城市圈居民出行调查附属调查主要民意调查项目

领域	已提供调查信息	主要民意调查项目
第 1 次 （1999 年）	基于调查结果的现状分析结果、规划目标的思考方式（定性）	目前的交通满意度及改善要求； 交通对环境产生影响的问题意识； 规划目标意见（除已公示的七项规划目标以外应重视的项目）； 参与规划过程的意愿及方法
第 2 次 （2000 年）	交通政策方向性的思考方式、代表性的政策实施效果（基于模拟结果）	居住地、工作地、工作形式有关需求； 对构建畅通且对环境友好的交通体系所需政策实施的意见：限制短距离汽车驾驶、换购低公害车、错峰上班、通过赋税限制汽车向市中心流入； 加强基本交通服务政策实施意见：完善公路、铁路、完善停车场、完善公交车； 为提高换乘便利度的政策实施意见：改善铁路站点、两地直通行驶、完善停车场（自行车、汽车）、完善站前广场、发行一卡通乘车卡； 对现有交通设施的有效活用的意见：道口、十字路口立体交叉化、开通重型车道(中央线转移)、提供交通信息、收取高速公路过路费； 其他政策实施的意见：完善无障碍通道、完善人行道实现人车分离、为应对灾害改善道路幅宽、导入社区公交车； 参与广域交通规划过程的意愿及方法

（出自：国土交通省城市交通调查室，2004）

7.2 ‖ 地域现状分析及问题把握

1. 把握地域社会、经济、空间结构及问题

1）地域分布分析

　　制定地域规划，必须掌握什么样的地域存在什么样的问题，考虑现象背后的主要原因，考虑地域未来发展的规划课题。本节主要论述如何进行地域分析。

地域分析的基础首先是分析"地域分布"及"地域变化"。所谓分析地域分布，即定量掌握对象地域整体及地域内部的现象。最简单也是最基础的分析是掌握多少人住在哪儿的问题。这并不只是要了解某个城市圈整个地域内的居住人口总数，更是通过对该城市圈内的居住人口分布按市区町村进行分析，可以掌握人口主要集中在哪些区域的社会性结构。接下来可以通过选取各种数据及地域单位进行更深一步的地域结构分析，如将居住人口按年龄结构进行细化分析，以町 – 丁 – 目为单位进行较市区町村更细化的分布调查（注：日本的街道门牌号码编排方式，由区 – 丁目 – 番 – 号构成），分析其他量化的现象（例如城市设施数量及医生人数等）在地域内如何分配等。

例如，用地理信息系统（GIS）表示出市区町村的居住人口分布是最简单的地域分布表示法。地域间相对比较常用的是"地域占比（地域构成比例）"及"密度"。"地域占比"是某特定区域占整体区域的比重，例如，将城市圈整体人口设为 100% 时各市町村人口占整体人口的比重。"密度"是对象地域每单位面积上分布的某事物的数量，其中具有代表性的是人口密度。在人口相同的情况下，城市面积情况也各不相同，按绝对人口数进行分析和按人口密度进行分析会得出不同的地域结构。

2）地域变化分析

地域分布是分析某特定时间点的社会性、经济性现象，在此基础上加入时间变化的分析就是地域变化的分析。当然，每个时代的人口分布都不同。另外，不能单从某个时间点来分析人们常说的"东京一点集中""人口过疏、过密""人口减少""少子化、老龄化"这些现象，只有从时间变化上分析才可以把握地域变化。

变化量是表示地域变化最简单的方法，即

$$C_D = P_{t+n} - P_t$$

式中　P_t——在时间点 t 时某特定现象的统计数量；

　　n——时间差。

通过对该变化量的相对差异进行分析来判断该变化的绝对值大小需要经常用到指数和变化率。

指数：$C_I = \dfrac{P_{t+n}}{P_t} k$　（k 为常数，通常取 100，当 $C_I > 100$ 时，则增加。）

变化率：$C_r = \dfrac{P_{t+n} - P_t}{P_t} k$　（k 为常数，通常取 100，当 $C_r > 0$ 时，则增加。）

例如，若 A 地域人口数 1990 年为 10 000，2000 年为 15 000，则 A 地域 2000 年的人口指数为 150，变化率为 50%。

另外，在分析地域变化时，还需要留意时间节点的选取方法。例如，分析东京都市圈的人口增减时，如只分析 1980 年和 2005 年这两个时间节点间的人口变化，就可能遗漏泡沫经济时期地价暴涨带来的"空心"现象以及近年来的东京人口回流现象。特别是分析长期变化时，较理想的分析方法是在一定程度上对时期做详细划分，进行比较分析。

3）注意多个现象的关联性

在地域内活动的人们的属性及活动本身各不相同。在进行地域分析时，必须带着问题意识选取适当的数据，用恰当的分析方法和指标进行分析。另外，由单一的数据来源和方法所得到的信息有限，所以需要对多个统计数据和指标组合进行分析。同时，地域现象是通过各种社会性、政治性、空间性的主要因素综合体现的，所以思考通过地域分析得到的现象主要是因何产生，从结构上理解地域问题也是非常重要的。

另外，在制定规划过程中，应该考虑如何用容易理解的方式将掌握的现象传达给居民和相关人员。在把握地域空间分布上，GIS 是非常有用的工具；用图表来表示时间变化更易理解。在进行地域分析时，我们需要做到以下内容：在留意上述要点的基础上，还包括接下来即将论述的把握地域特性和分析城市交通，了解现象间的相互关系，知道地域整体的特性、趋势及规律，考察其背景和主要原因，综合分析地域。

2. 把握地域特性

1）地域特性分析

地域规划的规划对象圈域是横跨多个自治体的广域圈。应该在哪些圈域范围内考虑地域规划呢？一方面设定规划圈域需要考虑共有特征、课题、规划主体等各种要素。另一方面，圈域越大，圈域内包含的具有不同特征的城市、地域当然就越多。地域规划所追求的是在广域范围内改善各城市、地域面临的共同课题，当然在活用各地域特征考虑未来发展战略上也是十分重要的。

为此，必须了解地域特征。分析地域分布，是通过统计某现象掌握地域差异，与此不同，分析地域特性是弄清某现象的性质和功能，了解各地域特征（大友，1997）。

表示地域特性的基本方法是属性占比和比率。属性占比是表示分子占分母的多少（例如某地域不同年代人口结构占比），比率表示的是不同类别的分子分母的比值（例如人均年二氧化碳排放量）。若某市关于特定现象的结构占比及比率在包含该市在内的城市圈中占有相对较大值，则认为该市具有该特性。

同样，可以用特化系数指标来考虑，即某地域（以县为例）某分类结构占比在地域整体（比如全国）的结果占比中所占比例，可以用下面的公式得出。

$$LQ_{ij} = \frac{Q_{ij}}{Q_{tj}}$$

式中　Q_{ij}——i 地域的 j 指标属性占比或比率；

　　　Q_{tj}——全体地域 t 的 j 指标属性占比或比率。

例如，假设 Q_{ij} 是 A 县县内生产总值中的制造业占比，Q_{tj} 是国内生产总值中的制造业占比，如果特化系数大于 1，则在 A 县制造业是特征工业。

工业是地域规划中考虑的主要方面之一。大友（1997）曾提出将城市功能大致分为①工业功能（城市经济活动的种类）和②中心城市功能（从城市及城市周边地域关系可以看出的功能）。其中，就城市工业功能来说，有以下分析方法：对每个城市的工业就业人数（或企业数、生产额等）占总人数的比例进行计算，其中占比最大的工业被认为是该城市的代表工业功能（最大结构占比工业功能分类）；特化系数大于 1 的工业被认为是代表该城市、地域的工业。

2）地域间的相互作用

一般来说，地域规划中的行政区域和实际的城市圈并不一致，从这一点可以看出地域规划的必要性。正如"二重广域圈"的思考方式一样，因为日常生活行动和经济活动均超出行政区域范围，所以有必要进行广域性的、一体化的规划。地域规划以实际的城市圈为规划对象，需要分析城市圈域因何被联系在一起。

地域间的关系可以通过分析人、物、资金的移动（流出、转出、输出、移出和流入、转入、输入、移入）来把握。通勤圈经常被用来分析地域间关系。B 町在 A 市的通勤率为 B 町的就业人数中去 A 市通勤的人数占比，比率大就认为 B 町包含在 A 市的通勤圈内。这种方法也可以用在都市圈设定上，例如城市就业圈[①]（金本等，2002）。

至今为止，分析地域间相互关系的模型有很多，重力模型就是其中之一。

$$F_{ij} = \frac{M_i M_j}{D_{ij}^{\alpha}} k$$

式中　F_{ij} ——地域间相互作用力；

　　　M_i —— i 地域的地域现象总量；

　　　M_j —— j 地域的地域现象总量；

　　　D_{ij} —— i 与 j 间的距离；

　　　k ——地域现象固有常数；

　　　α ——常数。

两地域间的相互作用力，随地域现象的统计量的增大而增大，随两地域间距离增大而减小。

赫夫模型是重力模型在评价城市、地域零售商业潜能上的应用。某商店对某地域的吸引力与二者间的距离成反比，与商店规模成正比。

$$p_{ij} = \frac{\dfrac{S_j}{T_{ij}^{\lambda}}}{\displaystyle\sum_{j=1}^{n} \dfrac{S_j}{T_{ij}^{\lambda}}}$$

式中　p_{ij} —— i 地区消费者到 j 商店购物的概率；

　　　S_j —— 零售中心地区 j 地的店铺规模（卖场面积等）；

_____

①城市就业圈是指，根据 DID 人口设定中心城市，向中心城市的出勤率大于 10% 的市町村为郊外城市，允许同一城市圈内存在多个中心城市。（官网：http://www.urban.e.u~tokyo.ac.jp/UEA/index.htm）

T_{ij}　——消费者的居住地 i 到零售中心区域 j 所需时间；

λ——常数（不同商品常数不同）。

3）城市中心性

人们常说的日常生活圈包括通勤圈、商圈、医疗圈等，这些圈域是工作、商业、医疗机构集中的城市，从居住地所在城市去工作地、商业、医疗机构集中的城市是日常行动，换言之，具有这些功能的城市可以向其周边附近的地域提供服务。这些城市在日常可以移动的范围内，所以存在中心性。

所谓城市的综合中心性，即该城市对其周边地域产生的影响强度。那么该如何量化这种影响呢？

代表工作常驻性的指标是"就从比"，即某区域从业人数与就业人数的比值，可以用从业人数除以就业人数得出。该比值大于 1 时，说明该区域的外来从业人员数量多。表示商业功能据点性的指标是零售吸引力。零售吸引力可以用下面的公式得出，其值大于 1 时，说明该城市零售业销售额占比相比城市人口占城市圈整体比重大。另外，零售吸引力 A_i 乘以市区町村 i 的人口数得出的结果被称作零售吸引人口。

$$A_i = \frac{\dfrac{S_i}{P_i}}{\dfrac{S_t}{P_t}}$$

式中　A_i ——市区町村 i 的零售吸引力；

P_i ——市区町村 i 的人口；

S_i ——市区町村的零售销售额；

P_t ——城市圈总人口；

S_t ——城市圈零售销售额总额。

昼夜间人口比率为城市白天人口除以城市夜间人口乘以 100% 得出的指标，其值大于 100 时，即说明白天人口大于夜间人口，也就是说多出来的人口来自该市周边地域。就从比表示了经济活动的中心性，而昼夜间人口比率说明了包括上下学在内更广泛意义上的城市活动的中心性。

　　例如，在首都圈工作集中城市（参考第5.1节）之一的埼玉县中枢城市圈工作城市（浦和、大宫）基本构想中，作为规划框架，将就从比预计为1。

　　在总务省推进的定居自立圈构想（参考第5.2节）中，作为"中心城市"的必要条件之一，昼夜间人口比值需要大于1。除此之外，还有各种着眼于中心功能的中心性指标（大友，1997）。

4）地域经济分析

　　地域经济活动，分为基础活动（支撑地域发展的移出工业）和非基础活动（当地的城内工业），分析地域经济基础的方法即通过量化分析两者在哪些方面差别显著及活动量为何种程度来把握地域经济基础（大友，1997年）。

　　（1）残余法

$$E_{Bi} = E_i - \frac{E_{Ti}}{\sum_i E_{Ti}} \sum_i E_i$$

式中　E_{Bi}——从事某地域（市町村）i 产业基础工作的就业人数；

　　　　E_i——该地域 i 产业总就业人数；

　　　　$\sum_i E_i$——该地域总就业人数；

　　　　E_{Ti}——全国 i 产业总就业人数；

　　　　$\sum_i E_{Ti}$——全国总就业人数。

　　右边第二项表示的是当某地域 i 产业的就业人数占某地域总就业人数的比重与全国 i 产业的就业人数占全国总就业人数的比重相同时的该地域 i 产业的就业人数。右边第一项是实际值。通过该公式算出的 E_{Bi} 为 0 或负数时，可视为该地域从事 i 产业基础工作的就业人数为 0；只有当 E_{Bi} 为正数时，将其计入该地域的全部产业人数中。

　　（2）特殊系数法

　　特殊系数为 1 时，说明生产和消费平衡发展。特殊系数大于 1 的产业，该地域生产大于消费。超出消费部分（即大于 1 的部分）的生产可视为基础活动部分。

3. 城市交通现状及问题把握

在交通方面，通过分析收集到的数据来把握现状，诊断问题，同时理解其问题背后的主要原因。需要分析的项目有很多方面，主要分为以把握地域基本交通实际情况为目的项目和与时俱进的问题意识及与目标设定相符而决定的项目。无论是哪种，与诸如过去的数据、人口规模等其他地域的数据进行比较都是有效的。

基本的交通情况主要用居民出行调查数据进行分析把握。图54中所显示的是每个人一天的移动情况及连锁效应。通过对该图中的数据从各个侧面进行统计，可以捕捉其变化趋势，得出哪种移动多，哪种移动少，哪种移动在增加，哪种移动在减少。在日本综合城市交通体系调查中，调查指标有生成交通量、发生及集中交通量、分布交通量、人均出行数、出行所需时间等，将这些与交通方式、目的、时间段、个人与家庭属性、地域等进行二次统计是必须的分析项目（国土交通省都市交通调查室，2007）。

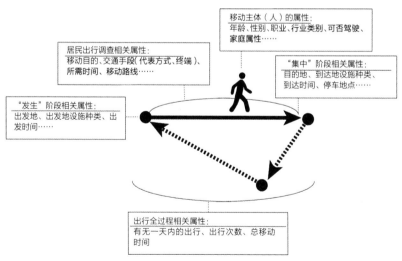

图54 居民出行及出行连锁效应属性

例如，整体上汽车使用普遍呈增多趋势（以出行人数、汽车分担率、总行车量等指标为依据），应从出行人类型、出行目的、出发地及目的地进行分析。一般来说，主要有以下原因：伴随女性和老年人参与社会活动的出行次数增加、具备驾驶技能人口（通常定义为有驾照且能够灵活驾驶汽车的人）增加、短距离移动汽车分担率增加、公共交通服务水平下降带来的汽车分担率上升、公共交通基础薄弱的城郊间出行增加等。理解以上主要原因的实际情况对于理解问题结构以及制定对策有重要作用。另外，可以将各道路、公共交通区间的交通量及利用人数、堵车及路况混杂的发生状况作为基础交通情况进行整理。

根据各地域的问题意识和目标设定而制定的分析项目完全取决于各地域的思考模式。一般将经济、环境、社会与公平、安全与安心等主题作为目前的问题意识、规划目标，在考虑这些因素与交通的关系的基础上决定分析内容。此时需要注意的是不仅要考虑交通方面，还要考虑其他方面，从整体上把握。特别是图54所示，必须意识到交通流模式与活动用地选址的相互作用。

例如，通过这种相互作用的结构可以看出上述的汽车利用增多问题。郊外生活的缺点之一是交通不便，当个人及家庭开始使用汽车时就可以克服这种不便，人们开始趋向郊外生活，导致人口和各种功能向郊外流动，最终招来城市中心的空洞化。如果将城市功能转向公共交通不便的郊外，那里的公交车使用率低，导致汽车使用率大幅提高。公共交通利用人数的减少则会使其服务水平下降，反倒加速了汽车利用的增加。也就是说，汽车利用增加的主要原因在于土地利用，郊区化压力增大的主要原因在于交通。

近年来，在汽车依赖度高的地域不断听到这样的声音："不能自由使用汽车的人开始远离社会。"这一人群中老年人居多，所以为他们提供享受社会公共服务及参与社会活动的机会逐渐变成了地域规划的重要课题。远离社会情况可以通过测算重要活动机会及其集中地（城市中心部及郊外中心等）的可接近性来掌握。可接近性与活动机会的分布（土地利用方面的因素）与到目的地的移动难易程度及所需时间长短（交通方面的因素）有关，需要将两者综合考虑。最常用的简便方式是评价到火车站及公交车站等公共交通节点的可接近性，但相比直接评价到活动地的便利性及活动可行性还有不充分的地方。

再从物流的角度举例说明。对照图54可以发现，物流的分布（发生地、中转地、集中地）从短期来看，影响卡车行驶距离及行驶路径等货物运输方式；从长期来看，则因物流所在地交通便利程度的影响而变化。综合考虑设施选址和货物运输不仅可以实现物资的有效运输，还可以避免卡车进入住宅区影响居民生活环境，引导工业和物流业向地域内适宜地区发展，增加经济活力。基于第四次东京城市圈物资流动调查的综合讨论，是把握有关物流关联设施选址的动向及与交通设施、交通服务的关联性的分析实例（东京城市圈交通规划协议会，2006）。上述只是一个简单的例子，但通过它有助于理解从整体上把握问题结构可以从各个领域来考虑问题的好处。

4. 预测地域未来

1）人口预测

通过了解地域现状及发展历史，就可以在一定程度上预测地域未来。当然，虽然不能决定未来发展如何，但可以描绘未来的可能性。预测未来人口是预测地域未来的重要线索。在制定地域规划时，设定未来人口框架，在此基础上考虑土地利用、地域划分及设施配置。人口预测是这一切的基础，其在框架设定上也给予一定的说服力。未来人口的预测方法主要分为趋势模型（时间序列分析模型）和同期群生存模型（青山，2007）。

趋势模型是推算出表示对象地域人口趋势（时间序列趋势）的曲线或直线进而预测人口的模式。计算公式有一次方程式和指数函数等，选择相当于过去的时间序列的参数。此时明确不考虑人口增减 [人口变动 =（ 出生人数 – 死亡人数 ）+（ 转入人数 – 转出人数 ），被称为人口学方程式]。

同期群生存模型是为得出按性别、年龄层划分的地域内各人群的人口增减人数。通常，年龄层会向上变化，例如 20 ～ 24 岁五年后会上升至 25 ～ 29 岁。但在这五年间有可能出现自然增减（出生、死亡）和社会增减（转入、转出），所以会按性别、年龄层推定预测期间的出生率、死亡率、移动率，将结果与按性别、按年龄层分的人口相乘。这种方法是按序对所有年龄层进行预测，推算各年龄层人口的方法。

国家社会保障、人口研究所基于到 2005 年为止的实际数值，用同期群生存模型，对各都道府县、市区町村到 2035 年为止的人口进行推测，进一步对到 2030 年为止的全国家庭数进行推测。

2）经济预测

在制定地域规划时，预测某项开发投资项目给地域内带来的经济效果，对探讨地域工业政策及有效地完善社会基础建设有一定的作用。

经济分析、预测方法是利用表示某地域经济结构（产业间的交易结构）的产业关联表，探究当某产业产生新的需求时，生产以何种方式受到影响的方法。所谓经济活动，即产业部门互相联系进行生产活动，提供必要的财物、服务。某产业部门从其他产业部门购入原材料，对原材料进行加工，生产出实物产品及服务并售卖给其他部门。产业关联表是在一定时间内对从最终产品及服务到最终需要部门为止的各产业部门间如何投入产出进行交易，最终生产、售卖的过程进行监控并将结果以矩阵的形式做成的一览表。在日本，相关部门合作每五年制作一次全国产业关联表，除此之外，还有地域产业关联表（全国 9 个地域），都道府县、市产业关联表等（总务省统计局）。

然而，在经济活动中，产业与企业、生产者与消费者、地域密切相关，且关系复杂。例如，完善铁道和道路不仅为沿线地域，还为周边地区的经济发展带来有利影响。在定量把握这些经济活动的关联性时，计量经济模型被用于分析工作效果及进行经济预测。这种方法的特征是依据整理后的分析目的、课题，探讨应预测的各种经济变量及与之相关的主要社会经济变量，就各种主体间的经济活动关联性构成模型体系。这一模型体系对列入计量体系中的社会经济变量进行数据收集，用这些数据决定模型，对模型选择是否恰当进行判断和批准（2001）。

3）交通预测

在规划阶段，为了探讨地域土地利用的结构变化及交通政策实施带来的结果，一般用交通需求预测模型进行分析。

交通需要预测模型仅对图 53 交通系统分析结构中的社会经济活动系统与交通系统的短期均衡部分（①）进行分析，已被广泛应用。大多数是基于四阶段推定法的模型，输入人口及土地使用分布相关变量、交通网络及服务水平相关变量后，就可以预测交通量的发生、集中（即移动集中发生于何处）、分布（从何处至何处）、分担（使用何种交通工具）、分配（路经何处），就会输出不同交通工具的区间交通量、所需时间、各道路链的交通量和速度、公共交通的利用人数等交通流模式（新谷，2003）。

再有，土地利用、交通模型是将交通流模型对社会经济活动系统产生的影响（图53②）内在化的模型体系。其典型结构是根据土地条件（选址优先性）将外生的地域未来总人口、总家庭数及就业人数分配至各区域，交通模型得出的区域间所需时间即土地条件的主要说明参数。但因模型体系规模大、分析需要高端技术，模型自身的认知度低等原因，该模型未在日本广泛使用（宫本，2003）。

另外，交通需要预测模型的输出值一般不作为直接成果指标，而需要辅助模型其他计算评价指标，例如根据不同汽车的交通量及速度计算出二氧化碳排放量及交通能量消耗。

本章参考文献

[1] 青山吉隆 . 図説都市地域計画 [M]. 丸善，2001.

[2] 太田勝敏 . 交通システム計画 [M]. 技術書院，1988.

[3] 大友笃 . 地域分析入門（改訂版）[M]. 東洋経済新報社，1997.

[4] 金本良嗣，徳岡一幸 . 日本の都市圏設定基準 [J]. 応用地域学研究，2002（7）:1-15.

[5] 川村健一，小門裕幸 . サステイナブル・コミュニティー持続可能な都市のあり方を求め
　　て [M]. 学芸出版社，1995.

[6] 国土交通省都市地域整備局都市計画課とし交通調査室 . 付帯調査として有効な意識調査
　　の手引き（案）[Z].2004.

[7] 総務省統計局ホームページ（2009 年 10 月）http://www.stat.go.jp/index.htm.

[8] 高見淳史 . 米国オレゴン州ポートランド都市圏のケーススタデイ -Region 2040 プロジ
　　ェクトを中心に // 日本交通政策研究会 . 環境負荷の小さい都市交通戦略に関する基礎的
　　検討 [Z].2000 :31-45.

[9] 木武 . 土木計画学第 2 版 [M]. 森北出版，2001.

[10] 東京都市圏交通計画協議会 . 物流から見た東京都市圏の望ましい総合交通体系のあり
　　方 [Z].2006.

[11] 新谷洋二編著 . 都市交通計画第 2 版 [M]. 技報堂出版，2003.

[12] 日本まちづくり協会編 . 地域計画第 2 版 [M]. 森北出版，2002.

[13] 宮本和明 . 土地利用と交通の一体計画の必要性 [J]. 都市計画，2003（244）:9-12.

[14] 村上威夫 . オレゴン州: 成長管理の先進州の新たな挑戦 // スマートグロースーアメ
　　リカのサステイナブルな都市圏政策 [M]. 学芸出版社，2003:53-110.

[15]Metro. Concepts for Growth: Report to Council[Z].1994.

第 **8** 章

制定广域规划

片山健介 、高见淳史

8.1 ‖ 设定地域规划目标

在制定地域规划时，必须明确地域将实现何种价值，这种价值的实现基于地域规划且以物质环境改善为主要手段。这里所说的价值，是第 1 章所述的"可持续发展的社会"及"社会""经济""环境""稳定人口""城市空间集中度"这几大主要目标。广域规划以广域空间及广泛的政治领域为规划对象，涵盖拥有多种利害关系的地区和相关主体，实现利益共享的基本价值观是广域规划最重要的基石。

基本价值观被分解为更具体的目标和目的。其内容和规划重点主要由地域内的各主体的想法和意识决定，同时，对于长期性的地域规划，必须要考虑人们的想法可能随时代而变化。除此之外，若有其他重要的社会需求及中央政府等上级政府制定的目标，也应将这些目标列入地域规划中。例如，全球变暖是具有全球影响力的问题，所以应作为全世界共同解决的问题。如果将中长期温室气体削减目标及相关目标定位为国家级目标，制定地域规划时也应将其列入地域规划的目标中去。

价值观和目标是评价地域现状及未来的指标。较理想的指标选定标准是在形成统一意见和做出决定上较容易理解和判断，可以进行定量评价。就交通相关指标来说，例如从城市规划道路延长情况这种基础设施完善水平上来看，可以设定这样的成果指标："无论从该区域任何地方出发，到达综合医院的时长在 ××

分钟之内"。表 20 为基于第四次东京都市圈居民出行调查结果得出的数据。将活力及灵活性、安全便捷、环境三大基本目标分解为 7 个要素,分析针对目标各要素的达成情况。

　　将评价指标和目标值对应在一起总结是比较好的整理数据的方式。目标值应在充分讨论的基础上得出,设定值应为预计在规划期间可以实现的数值,可以参考下一节的定量分析结果。由此构成的地域规划目标体系不仅可以用于规划制定阶段,还可以用于规划实施阶段后的监控及针对发生的问题点和如何改善进行讨论。

表 20 　基于第四次东京都市圈居民出行调查的目标体系、评价指标

3 个基本目标	实施政策的效果	评价指标	单位	说明
保证东京城市圈活力的灵活性	解决交通拥堵	交通拥堵指数大于 1.0(一般道路)	万辆 / 千米	表示交通拥堵地域内正在行驶中的汽车量
	提升铁路便利度	距离车站大于 1.5 千米的人口占比	%	表示从家里走到最近车站很困难的人口占比
	速度提升	用时大于 60 分钟的通勤出行次数	万次	表示远距离通勤人次
		从广域合作中心地区到东京市中心用时小于 60 分钟的总就业人口	万人	表示广域合作中心地区办公活动圈域的发展程度
实现安全便捷的生活、交通环境	确保道路安全	年度交通事故件数除以机动车驾驶执照持有人数	件数 / 万人·年	表示单位驾照持有人的年度交通事故件数
	构建抗灾能力高的城市	回家困难人数	万人	表示因目的地离家远而在灾害发生时无法步行回家的人数
		宽幅宽道路密度	千米 / 万人	表示灾害发生时可以阻止火灾等蔓延的可能道路幅宽
	完善快捷的公共交通	高峰时段铁路拥堵率 150% 以上的人数	万人	表示高峰时段在拥堵路段出行的人数
		不便于使用机动车、铁路人数	万人	表示难以利用汽车、铁路的 65 岁以上的老年人,从家到离家最近车站的距离在 1.5 千米以上且无机动车驾驶执照的人数
构建环境友好型交通体系	减少汽车驾驶造成的环境负荷	二氧化碳排放量	万吨标煤 / 年	表示汽车二氧化碳排放量

(出自:东京都市圈交通规划协议会,2001,第 22 页)

在一般的规划讨论阶段常用的方法是：预测将可选择的政策方法进行组合得出的成果，探讨可以实现的最好效果。与此相反，有明确目标值，并且实现目标非常重要，用通常的政策方法难以实现时，则用反向推理的方法更有效，即：根据期望实现的理想状态选定目标值，灵活地寻找实现目标的方法。前一种方法称为"预测法"，后一种方法称为"反向预测法"。

8.2 ┃ 设定和评价多种未来方案

1. 设定多种未来方案

一旦明确地域规划的价值观和目标，下一步就是考虑如何完善物质环境以实现规划目标。此时，假定可能实现的多种方案，对每种方案在实现目标方面的影响进行分析和评价。

在不同的方案中如何细化设定需要根据下面的评价体系。大致来说，一个方案可以通过未来土地利用（活动机会的分布）和交通系统的组合来构成。例如，城市街道的扩展方式，根据地域情况比较评价重要问题等，设定多种方案。未来的地域人口及年龄构成等存在外生的不确定性，对评价结果有较大影响时，也将这些因素涵盖在方案中进行评价。以波特兰的《区域规划 2040》为例，基于三种发展理念及以往的发展趋势设定了四种方案（表 21）。决定各发展理念方针的重点为以下两点（Metro，1994）。

首先，依据俄勒冈州法律，地方政府有权决定、管理其城市发展边界线。城市发展边界线是为满足今后 20 年发展而划定的土地区域，原则上不允许在其区域外发展。为满足地域内的人口增加和就业，对于地域规划制定主体来说，最大的问题是将城市边界线扩大多少。方案 A 的前提是扩大城市发展边界线，方案 B 则不扩大，这两个方案的差异主要围绕该问题展开。

其次，地域内居民非常担心对人口和就业需求的急剧增加会导致环境恶化，提出将地域发展的一部分分配到地域外。为此，方案 C 将地域外的周边城市定位

表 21　波特兰城市圈《区域规划 2040》设定的发展概念概要

	基本方案（趋势延续）
	延续近年的开发趋势和现行区域规划。 扩大 50% 城市发展边界线，持续扩大就业人口。 增加公路，包括 3 条超高速道路等（道路增加在 4 个方案中体现最多）。 实施 LRT（轻轨）向西延长及南北路线建设
	方案 A（扩大发展边界线）
	发展边界线扩大约 25%，同时以公共交通沿线的集约型混合用途开发为指向。 新开发边缘地区以住宅为主。 在相当程度上进行公路及公共交通改善
	方案 B（固定发展边界线）
	不扩大发展边界线，以高密度集约化开发为指向。 较其他 3 个方案，在区域化方面更多设定住宅商业混合区域。 不建设超高速道路（道路改善在 4 个方案中体现最少）。 以公共交通改善为重中之重
	方案 C（卫星城市）
	将发展总量的三分之一定位为卫星城市，卫星城市为自治体，三分之二的人口可以实现城市内就业。 发展边界线扩大约 10%，以强化中心区域为重点。 道路完善水平在发展边界线内处于方案 A、B 之间，在全地域范围内应高于方案 A，接近基本方案。 公共交通改善水平在方案 B 之下

（出自：Metro，1994）

为卫星城市，转移一部分人口压力。

　　在基于第四次东京城市圈居民出行调查的《构建东京城市圈理想综合城市交通系统》（东京城市圈交通规划协议会，2001）讨论阶段，设定了包括趋势型城市圈结构方案、诱导型城市圈结构方案、包含现状的 4 种可实现的交通网络完善方案，4 种交通规划方案。进一步将未来的城市圈人口假设为上位和下位两种情况，结合分析、评价，分别设定方案。

2. 评价多种未来方案

　　各方案根据第 8.1 节中讨论的目标体系进行评价。此时，可以有效利用以第 7.2 节中概述过的交通需求预测模型及土地利用、交通模型为代表的定量评价分析工具进行分析和评价。对于难以进行定量评价的目标项目，可以通过定性评价，依据规划目标完善评价体系，使之没有遗漏。

如前所述，大型分析工具一般构建和分析成本较高。在实际情况下，在综合考虑可以利用的资源、成本和评价必要性两方面的基础上选择最好的分析工具及评价体系。将各方案进行具体、详细分析，使其符合该评价体系。

在波特兰《区域规划 2040》[1]中，在对各发展理念进行详细设定，利用土地利用、交通模型进行分析的同时，从土地利用、交通、空气、就业、社会稳定性、住房、公园、公共空间等角度进行评价（Metro，1994）。从对交通和空气进行模型分析的结果（表 22）可以看出，以小型化城市为导向的方案 B 占优势，方案 C 仅次于方案 B。另外，方案 B 的道路拥挤程度高于一般的方案，也不能说是各方面最优的方案。

各方案对不同主体的不同目标有不同影响，不一定存在各方面均为最优的方案。即使如此，对各主体间、各目标之间的权衡有助于规划的制定。但在讨论各方案的优劣时，也需要考虑各方案在实现可能性上的差异。

另外，分析模型数据时，不仅要分析地域整体的目标，还要分析各地区的数据，进而得出更细致的特征和趋势，这有助于制定出更好的方案。

表 22　波特兰城市圈《区域规划 2040》替代方案分析结果（节选）

项目	1990 年现状	基本方案	发展概念		
			A	B	C
汽车使用率	92%	92%	91%	88%	89%
公共交通使用率	3%	3%	4%	6%	5%
日均公共交通利用人数	13.7 万	26.7 万	37.2 万	52.8 万	43.7 万
里程	12.4 千米	13.0 千米	12.5 千米	10.9 千米	11.9 千米
下午高峰时段道路拥堵里程	151 千米	506 千米	682 千米	643 千米	404 千米
日均氮氧化物排放量（地域整体平均值）	80 吨	94 吨	91 吨	84 吨	87 吨

不理想　　　　　　　　　　　　　　　理想

（出自：Metro，1997）

---

[1]不仅是《区域规划 2040》，波特兰地域在交通规划 GIS 的活用及利用土地、交通模型的规划讨论实践也是先进事例。

8.3 ‖ 制定整体战略和广域调整

1. 制定地域空间战略

在评价、分析各有关未来的规划方案后，就到了制定整体方案的阶段。此时，并不是选取多种方案中的某一种，而是经过评价和分析明确各方案的明显优势，制定整体战略。事实上，在波特兰最终的《区域规划 2040》中，以方案 B 为主，将一部分开发压力转移至卫星城市，缓解了地域居民提出的道路拥挤问题。也就是取方案 B 和方案 C 的中间方案。

地域空间战略内容根据不同地域规划在制度上的定位有所不同，其大部分为空间分配相关，例如分别显示需要开发的城市化地域和需要保护的自然环境地域，明确表示承担工作、商业集中作用的城市（连接区域内外的门户），作为地域中心的核心城市等，连接这些城市和区域的连接轴和网络、主要交通网等。另外，将规划对象地域分为几个小地域，针对每个地域的发展战略，制定未来人口结构及住宅分配等。

整体战略制定完成后，必须明确其实现方法，在充分考虑地域规划综合性、一贯性和其他领域的关联性的同时，具体讨论和实施不同领域政策和战略项目。例如，管理地域规划中满足住房需求的土地使用及完善社会基础设施、工业及农业等产业振兴方法，实现未来工作居住分布的交通基础设施、公共交通完善及交通需求管理，保护、创造自然景观及为保护生态系统而制定的广域绿地、流域圈规划、地域活性化旅游战略等。

2. 广域调整

各自治体情况各不相同，如税收和人口增减等，也有如中心街再建、郊外大型商业中心建设等日常移动范围内的圈域内利害关系冲突。在这种情况下，从高效的、持续的地域管理的观点来看，有很多管理上的浪费。为了实现地域整体的可持续发展，需要在地域规划中从广域的观点调整该圈域内各自治体的各项规划和政策。

如果将圈域内各自治体及地域居民的意见全部采纳，虽然易于得到大家的同意，但作为地域规划整体的意义就不大了。因此，如本章所述，应先确保规划提案的内容是经自治体和地域居民广泛同意的，地域相关人员有机会充分参与，提供易于理解的信息等，在充分听取广泛的关于规划的意见的基础上，制定方案，充分评价、分析后制定地域规划是非常有必要的。

本章参考文献

[1] 阪井清志. 交通計画や都市計画と地理空間情報 // 東京大学空間情報科学研究センター寄付研究部門. 空間情報社会研究イニシャティブ，第三回公開シンポジウム配布資料 [Z].2008. http://i.csis.u~tokyo.ac.jp/event/20081014/index.files/03_01_KokaiDoc.pdf.

[2] 東京都市圏交通計画協議会. 東京都市圏の望ましい総合とし交通体系のあり方 [Z].2001.

[3] 古谷知之. 交通調査 / 交通 GIS の先進事例—ポーランド都市圏の交通調査体系 [J]. 交通工学，1999（34 増刊）:41-46.

[4]Metro. Concepts for Growth: Report to Council[Z]. 1994.

[5]Metro. Regional Framework Plan[Z].1997. http://i.csis.u~tokyo.ac.jp/event/20081014/index.files/03_01_KokaiDoc.pdf.

结　语

　　最近，我发现回顾从幕府末期至明治时期的日本电视剧和杂志专栏变得多起来了。这些作品里的人物心存治国之志，为了建设国家和家乡，他们远赴东京（江户）甚至出国留学。在这些人身上可以看到，他们将落后于欧美列强的危机感转化成了改变国家的使命感，然而这些品质在现在的年轻人身上却越来越少见，所以这些电视剧格外受关注。为什么这些热忱不复存在了呢？其中很大一部分原因是日本已经成为发达国家，所以曾经的危机感也不复存在；另外，现在的年轻人价值观各不相同，自然也不会怀着同样的热忱朝着一个方向共同努力。但反过来思考，不管是变成发达国家，还是价值观的多样化，都不是坏事。各自怀抱不同的梦想，实现不同的目标，远胜于自卑和封闭。那么可以说因此丧失的热忱是好的么？

　　从大众对幕府末期和明治的关注可以看出答案是否定的。不知是否因为是学者的缘故，我并没有忧国忧民的宏图大志，也没有强烈的爱国心，所以对于那一时期青年一代的价值观没有什么同感，但我赞同各怀梦想，拥有符合青年的气质或者说符合人应当有的性情的活法。只有自己最了解自己，所以比起在同一时代下拥有同样的价值观，找到符合自己的理想和目标更为困难。通过与各位执笔者共同完成本书，使我再次感到广域规划实现可持续发展社会的主题可以成为大家共同的理想。就文明化这一点来说，亚洲逐步追赶欧美发达国家，逐渐进入了历史转折期。在日本国内，已经形成了稳定实现人与自然和谐发展的条件。在构建人与自然和谐发展的社会的过程中，也有一些需要解决的问题，例如如何让尽可能多的人找到并努力去实现自己的理想。不是单方面地向前努力，而应建设有多样性的社会，并且不同背景和经历的人们可以互相尊重。为此，该如何实现地域的土地利用与地域间的有效联系呢？希望随着本书的出版，可以有越来越多的人思考这个问题。

大西隆